U0247947

印刻
印刻书院

中小学生通识读本

儿童的春夏秋冬

# 儿童的冬

蒋　蘅◎编译

H.P.H 哈尔滨出版社
HARBIN PUBLISHING HOUSE

图书在版编目（CIP）数据

儿童的冬 / 蒋蘅编译. — 哈尔滨：哈尔滨出版社，
2018.10
（儿童的春夏秋冬）
ISBN 978-7-5484-4089-5

Ⅰ.①儿… Ⅱ.①蒋… Ⅲ.①自然科学—儿童读物
Ⅳ.①N49

中国版本图书馆CIP数据核字(2018)第118972号

书　　名：儿童的冬
ERTONG DE DONG

作　　者：蒋　蘅　编译
责任编辑：张　薇　邹德萍
责任审校：李　战
装帧设计：吕　林

出版发行：哈尔滨出版社（Harbin Publishing House）
社　　址：哈尔滨市松北区世坤路738号9号楼　邮编：150028
经　　销：全国新华书店
印　　刷：北京欣睿虹彩印刷有限公司
网　　址：www.hrbcbs.com　www.mifengniao.com
E-mail：hrbcbs@yeah.net
编辑版权热线：（0451）87900271　87900272
销售热线：（0451）87900202　87900203
邮购热线：4006900345（0451）87900256

开　　本：787mm × 1092mm　1/16　印张：9.5　字数：100千字
版　　次：2018年10月第1版
印　　次：2018年10月第1次印刷
书　　号：ISBN 978-7-5484-4089-5
定　　价：36.00元

凡购本社图书发现印装错误，请与本社印制部联系调换。
服务热线：（0451）87900278

# 序

翻译这本书的动机，译者在她的序言里已经说得很详尽了。我来说说他的特点。

这书采用的是启发式。他要求教师用问答来引起儿童的研究兴趣，用实物来让儿童亲自观察。这样，使儿童对于周围的事物，获得正确而完整的认识，而不是隔靴搔痒的或鸡零狗碎的东西。

这种自由活泼的作风，实地观察的方法，是与专读死书，只重背诵有着天渊之别的。而后一种教育方法只能造就出书呆子（不辨菽麦）跟留声机（人云亦云）罢了。

我希望这本书将有助于教师们进行真正说得上是教育的教育。真能如此，那么译者的劳力就不是白费，地下有知，也会因为自己的工作还在人间起着作用而引以为慰的吧。

何公超

一九四七年四月廿日于上海

# 译序

这年头儿，大家都着重于儿童教育了，是的，我们一切都还得从头做起，甚而至于从儿童时期的教育做起。这虽说出版界一般情形的推移，有其时代的必然，然而从社会的见地说来，总还是进步的现象，因为以前没有的，现在有了，也足自慰。

本书原名 In The Child's World，编者美国 Emillie Poulsoon。译者所以移译这书的原因：第一，因为单纯地爱好它，第二，因为国内教育名家说了许多教育理论，却并没有一部实际可采用的材料，以供观摩，本书足以弥此缺陷，所以就译出来了。（特有的欧美风俗及涉及迷信者均删去不译。）此书大部分取材于自然生活，贯通全书的精神，约而言之，为科学与爱，直始引导儿童趋向于乐天、活泼、美丽的感受，对于生命的尊崇，大自然的爱好与认识。这里不是生硬的教训，而是温情的诱掖。

关于教育的原理，亦见其湛深，如是“马”“鞋匠”“花篮”（见冬之卷）等篇之“给教师”，至于教育实施的方法，则可见之于“谈话”。

自然，这里面有许多地方对于中国小孩子的生活习惯上，不免微嫌隔膜，这凡是译本所难免的。然而从其结构、表现、取材各方面说来，都足供我们以绝好的借鉴。故译者认为本书在教育上的价值，并不因译本而抑减。

本书可以讲给小孩子听，也可以供小孩子读，因适应书店出版的便利，大致随季节分成了四卷，合起来是一部。

译毕，写了这几句冠之于每卷之首，算是总的介绍。

蒋衡

# 目录

Contents

## 冬天

## 花篮

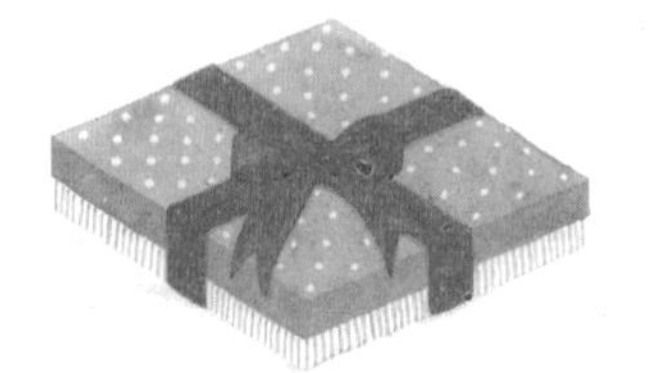

## 新年

## 猫

## 马

## 牛

## 狗

## 鞋匠



## 铁匠



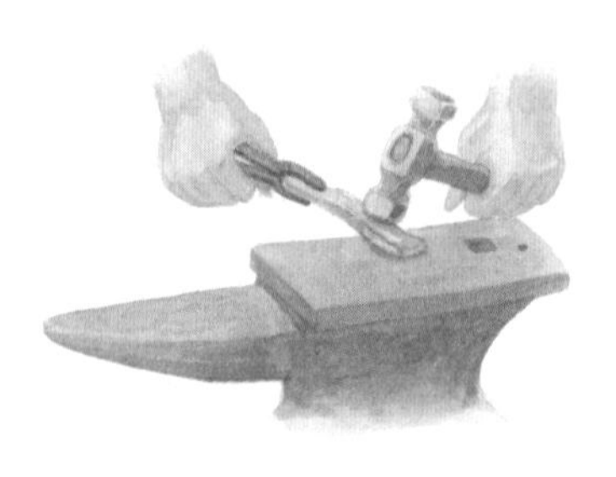

## 矿工

## 水（一）

## 水（二）

# 冬天

# 勤俭的松鼠

草场上的一个橡树洞里，住着一只小松鼠和他的家属。他是很美丽的，他有着明亮的眼睛和长而蓬松的尾巴。并且他非常勤俭，无论怎么小的东西，他总是节省着、爱护着，还教他的家人也要这样，他的家人是松鼠夫人和三只小松鼠。他们都是小心谨慎和节俭的。松鼠先生的家里，从来不曾浪费过一小块栗子、一些儿橡实皮的。松鼠先生教孩子们的第一样便教孩子们，最要紧的是随时蓄积粮食，好留到冬天时吃。三只小松鼠，都是乖乖地非常听话，最大的叫做“阿棕”，已经会做橡实糕、栗子羹了，并且和妈妈做的一样精美。

在这一个冬天里，很冷的一天，松鼠一家正围坐着喝茶。黄昏时分，太阳已经差不多落山了，门外忽然轻轻地敲了一下，敲得很轻，松鼠夫人还以为不是敲门咧。松鼠先生站起来开门看看，可是并没看见什么。他和气地问道：“谁呀？”

“是我，邻舍！”谁在外面答应了，“我又饿又冷，能许我进你家暖一下吗？”

松鼠先生立刻把门开得更大些，说道：“请进来，请进

来，今天确是冷了，我在这儿站了站尾巴都像要结冰了。请进来，让我关上门，那可以比较暖和些。”

于是扑地跳进了一只兔子。可怜的小兔子，看上去，他是多么忧愁啊！他浑身的毛，肮脏的，乱丛丛的；小尾巴拖着，并没有竖起；两只耳朵也垂下了；胡子有些断了，已经不再成什么样子。一只后脚冻麻痹了，眼睛也黯淡无光。总之，他已经憔悴得不像一只活泼的兔子了。

松鼠夫人有礼地拱着她两只前足。松鼠先生搬了把椅子，

在火炉边请他坐，小阿棕拿了他手制的橡实面包给他吃。可怜的兔子真是饿极了，看他吃得多么有滋味啊！松鼠先生一家，殷勤地不停地问着他，还要不要些什么东西？他是又暖又饱了，松鼠夫人打发三个孩子睡去后，便和松鼠先生一起询问他们的邻舍为什么会弄到这样一副样子。

“我也不知道！”他低着声音说，“我想不到天会这么冷，雪会下得这么厚，害我想找片叶子吃吃也没有。我想尽了办法，还是一点儿都没用。你们怎么把家里弄得这样舒服呢？”他说着，带了妒忌的眼光，把那清洁而温暖的小房子看了一眼。

“这是很简单的，”松鼠先生说，“我们不过把平时找来的食物都藏过一些罢了。譬如找到六粒栗子，我们便把三粒藏在粮仓里。今年秋天，不是栗子和橡实都出产极富嘛！所以，冬天虽然找食难，但我们要帮助一个朋友，还很有余呢！吃吧，邻居，请尽量吃吧。”

松鼠先生是仁爱的，他愿意帮助可怜的小兔子。可是这兔儿生性懒惰而好游荡，要他住在松鼠先生这么一个温暖的家

里，帮助他们做做家里的事情，他就非常不惯了。所以没多几天，他便跑了。

兔儿冷得发抖和找不着吃的时候，他便想到要学学松鼠先生一家的勤俭。松鼠先生一家都是善心的，他们常常挂念着可怜的小兔子。不知他怎样了！但是关于那只小兔子的消息，他们一直没有听闻了。

# 霜和他的工作

“呼！呼！”一个很冷的黄昏，霜在大声地喊叫，“今晚我要留在你们这儿了，厚密的云已经挡住了太阳的暖气，北风已经吹了一天。有时我突然前来，使你们预备不及，便都在埋怨我。现在，我特地先关照你们一声，今晚我要留在这儿了。”

于是霜背起了他的箱子，动手做事了。这时候，太阳、云都没了影，小星星在黑暗的夜空里闪耀着，空气是冷而静的，北风早已回到家里睡觉了。

霜想，今晚上人们大约都在等候他了，农夫已把他的小牛牵进了屋，仓舍的门也早已上锁，牲畜们都处理好了。人们也把他们的花草移过，他们说道：“霜今晚来了，他来便要把这些东西弄坏的。”妈妈拿了厚的毯子盖在孩子们身上，让他们可以暖暖和和地睡觉。因为霜已关照过了，所以人们都赶忙准备好一切东西。

霜的箱子里，盛有大大小小的颜色笔和一只颜色盒子。许多闪闪发光的银白色的画笔，细的他拿来绘玻璃窗，粗的

用来涂田地。自然，他所有的并不只这几样东西。霜把许多东西弄得很美丽，可也把许多东西弄坏了。为了迎接冬天，他要把地上的花儿草儿都弄去，使那些泥土冰硬；所以除了那颜色笔和颜色以外，他还带着剪刀、钳子和铁锤。

霜走到栗子树那里，他说道："啊，栗子是熟了！我要爆开那些硬壳儿，让松鼠和孩子们有栗子吃。"于是他停在栗子树上，拣那些熟的栗子都爆开来。小小的棕色的栗子，整齐地排坐在毛茸茸的屋子里，多么好看啊！

一夜里，霜很快很忙地做着，他爆开了许多栗子的硬壳，描绘了许多玻璃窗。可是他还做了一件令人难过的事情。

小阿伦有他自己的一个小花园。他妈妈告诉他，霜今晚要来了，教他把那些花草都搬进屋里。阿伦忙着玩，竟忘记了妈妈告诉他的话。

晚上，霜来到这小园里，他说道:“小阿伦为什么不把花儿都移过呢，我实在不忍伤他们，但可不能让他们在这儿，碍着冬天的来路啊！他拿出了剪刀、钳子，和一些黑颜色，立刻，小阿伦的花园变成阴惨惨的了。

第二天早上，地上都闪着银白色的光，树叶子转做了红色、黄色，松鼠们快乐地忙着搬取栗子。可是有一个小孩子是难过着，他的小花园被霜毁坏了。“下次，”阿伦的家人谈起了那一晚上的事情时，阿伦对他的妈妈说，“下次霜再来的话，我必定先把花儿搬进屋里。”

“啊呵！霜把我们的孩子教乖了呢！”妈妈笑了。

# 花篮

# 小小的仆人

“啊！这房间乱得还成样子吗？孩子们，快些来弄弄好。”

“我最讨厌收拾房间。”小爱西蹙着额，把她的破画册翻弄着。

“我想，用着许多仆人，那是多么惬意啊！”露西说。

“是的，”蓓西说，“像隔壁马太太似的。”

爱西蹙着额角努起了小嘴，装出一副不高兴的脸孔。

“你们要不做事情才快活吗？”妈妈问。

“是的。”爱西说。

“我也是。”露西说。

“我，”蓓西想了一会儿说，“我不知道，马太太真没有妈妈似的好，也没有妈妈似的快活，她说，她那些仆人惹气得很呢！妈妈，你有了仆人以后，他们会不会也惹你生气？”

“我不知道，孩子。我可不想再有什么仆人了，除了这几个小东西。”说着掐了一下爱西的面颊，在露西头上敲了一下，“她们有时还不肯听话，惹我生气。”

“妈妈，我帮你！”小蓓西亲了妈妈一下，“快些，我们

大家把房间收拾清洁。”几个小姑娘，忙了一会儿，房里的东西都井井有条了。

妈妈坐着做针线，三个小孩子围拢着和妈妈谈天。“前天，”爱西说，“前天我读了一篇故事，说一个西班牙的小国王——他还是一个小孩子，可是你知道吗，妈妈？他已经是一个国王了，有许许多多的仆人侍奉着他。”

“有一次我也听见过有几个小女孩，她们也有许许多多的仆人。”

“讲下去，妈妈！她们有多大年纪咧？”

“她们吗？她们和爱西、露西、蓓西差不多大小。”

“她们有多少仆人咧？”

“不要吵，我一面讲你们一面数着吧。两个是很伶俐的小家伙，他们穿着一样的衣服。有两个是黄色，有两个是深棕，两个是黑色。他们专司着时刻，看准时刻好做事情。”

“他们还做些别的什么吗？”

“没有了，就只是‘看’这一样，但如果他们是尽职的，那已经够忙了，可是他们常常偷懒，因此，令许多仆人做起事情来，都没有条理。”

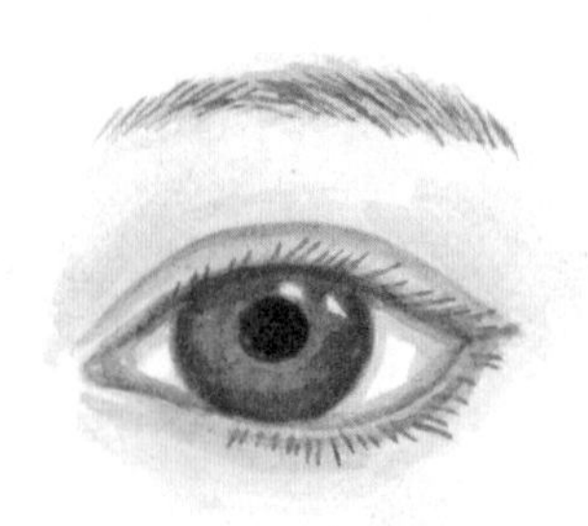

“我想，那还容易的。”蓓西说。

“还有两个，他们是专司听的，他们小女主人的妈妈或教师说些什么，他们听了，立刻回报给小女主人。”

“他们要变做懒骨头了，这么多的人，只做这一点儿事情嘛！”露西笑了，“还有吗，妈妈？”

“还有两个，他们常常穿着红色的衣服，他们专司传话给别人听。他们受了命令，要做什么事情的时候，于是便有一对可爱的小伙计，常常穿着很坚韧的衣服，驮着几个小女孩子，去做他们要做的事情。”

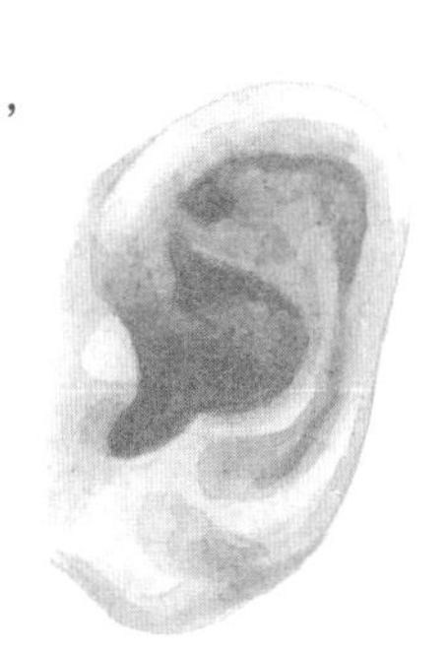

“哈哈！”爱西怪笑着，“妈妈你说些什么咧？难道几个小女孩子自己不会走路的吗？”

“我想他们一定把事情做得很好了，看，多少麻烦咧！”露西说。

“自然要做得好才对咧。”妈妈说，“她们还有十个小仆人替她们做着。”

“哦！妈妈，告诉我们，你到底在说什么呀？”

“我是说，小黄眼睛、深棕眼睛、黑眼睛，都应该常常注意着，看有什么事是要做的。”“啊，让我想想看！”小蓓西突然想着了，大声地叫道，“耳朵要来听！”

“还有，那是小嘴唇。”妈妈说着，

亲了亲站在她近旁的一个小女儿。

“还有，是手指，我正想着这许多小仆人，”爱西说，“我想这许多小仆人，一会儿不会相骂吗？”

“是啊！妈妈，”蓓西说，“如果眼睛看见了有些什么事情要做，耳朵也听见了什么人的吩咐，而脚不肯跑，手不肯做呢？”

“那便要看他们的主人了。”妈妈说，“如果主人是乖乖的，她一定也教得她的仆人很听命，他们是要教的咧！”

“我也这样想，”小露西捏紧了她两只棉花似的小拳头，摇着说，“我教他们戴顶针，穿针做手工。”

“我教他们扫地，揩台子，收拾东西。”小蓓西也摇着拳头说。

“我的会写字，会动，会弹风琴。”小爱西转动着她的小手指。

“还要教他们，有些东西是不应做的呢！”妈妈睨着三个小女儿笑

着说，“不可动的不要妄动，要做的不能偷懒，做事的时候，不可疏忽大意！”

“啊，天！”小蓓西叹了一口气，“要做的有这么多，不要做的又有这么多！”

“是，有许多咧！”妈妈说，“一颗心如果肯指挥他的仆人做事情的，那便是一颗可爱的心，他做的事情也绝不会不成功的。”

# “起来”的故事

太阳升起来，和风阵阵地吹着，五只小鸡，四只小鹅，三只小兔子，两只小猫，一只小狗，都快乐地在叫，快乐地在跳。

他们等着小宝贝起身，可是小宝贝还睡在小床里，妈妈忙着给他预备东西。

她走过果林里的小路，来到一个老水泵的旁边，她说道：“好水泵，给我些儿清水，替小宝贝洗脸好吗？”

老水泵答应了。

老水泵躲在果树儿边，给了些清水，好替小宝贝洗脸。

她再向前行，行到一堆木柴边，她说道：“好木片，水泵给了我清水，好替小宝贝洗脸，你肯来给我小宝贝烧饭和烧水吗？”

木片答应了。

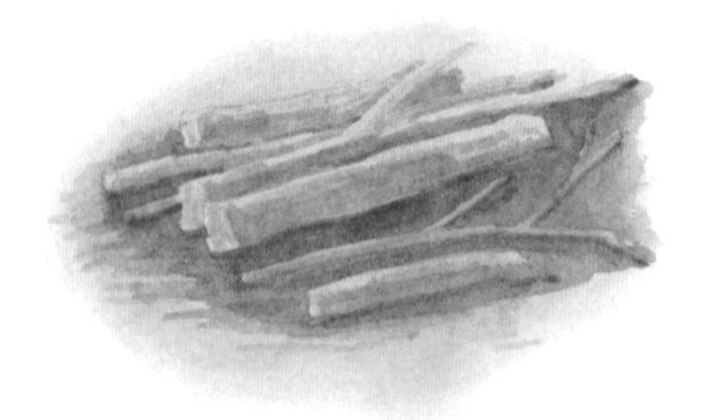

老水泵躲在果树儿边，给了些清水，好替小宝贝洗脸。

大木堆里有着好木片，肯替小宝贝烧饭和烧水。

妈妈再向前行，行到畜殖场里，她说道："好牛，老水泵给了我清水，木堆给了我木片，你肯给我小宝贝一些牛奶吗？"

牛答应了。她再对母鸡说道："好母鸡，水泵给了我清水，木堆给了我木片，牛给了我甜牛奶，你肯替我小宝贝生个鲜鸡蛋吗？"

母鸡答应了。

老水泵躲在果树儿边，给了些清水，好替小宝贝洗脸。

大木堆里有着好木片，肯替小宝贝烧饭和烧水。

牛给的牛奶是又甜又暖，母鸡给的蛋是又白又圆。

妈妈再行到苹果树边，她说道："好树，水泵给了我清水，木堆给了我木片，牛给了我甜牛奶，母鸡给了我鲜鸡蛋，你肯给我小宝贝一只熟苹果吗？"

苹果树答应了。

于是妈妈便拿着苹果、鸡蛋、牛奶、木片、清水回到家里，小宝贝正转着圆

圆的小眼睛，他已经醒来了。

妈妈给小宝贝洗脸穿衣，梳整那软软的短头发，一面把这“起来”的故事讲给小宝贝听。

老水泵躲在果树儿边，给了些清水，好替小宝贝洗脸。

木堆里有着好木片，肯替小宝贝烧饭和烧水。

牛给的牛奶是又甜又暖，母鸡给的蛋是又白又圆。

苹果儿，香又红，好像小宝贝的小面孔。

啊！这儿东西有许多，小宝贝起来时有吃有用。

# “睡觉”的故事

“未向小宝贝说晚安，我怎能去睡呢？”软毛的小狗说，“他把自己吃的面包牛奶分给我吃，还用他的小手轻轻地抚摸我。现在是小狗和小孩子都睡觉的时候了。小宝贝不知睡了没有？”

小狗穿了丝一般的软毛睡衣轻轻地跑着，在回廊里，他看见小宝贝睡在妈妈的手臂上。

妈妈看见小狗便唱道：

“一只乖乖的小狗儿，

跑来看小宝贝睡了没有。”

“我们不再看一看小宝贝，怎能便去睡呢？”两只小猫说，“他让我们玩耍他的积木和小皮球，看见我们爬上台面还哈哈笑。现在，是小猫、小狗、小孩子睡觉的时候了，小宝贝不知睡了没有？”

妈妈看见了小猫便唱道：

“一只乖乖的小狗儿，

两只伶俐的小猫儿，

跑着爬着，

来看小宝贝睡了没有。”

“我们不见小宝贝，怎能便去睡呢？”三只小兔子说，他们像三团雪似地跳着，去看小宝贝，跑到回廊那里，听见小宝贝的妈妈唱道：

“一只乖乖的小狗儿，

两只伶俐的小猫儿，

三只活泼的小兔儿，

跑着爬着跳着，

来看小宝贝睡了没有。”

“我们还不知道小宝贝平安否，怎能便去睡呢？”四只小鹅说，“他这样爱看我们游泳，还把我们兜在他的小蓝围裙里，给我们东西吃。现在是小鹅、小兔子、小猫、小狗、小孩子睡觉的时候了，小宝贝也该睡了吧？”

于是他们摇曳着松黄的羽毛去看小宝贝，绕到回廊，便看见小宝贝了，他们听得小宝贝的妈妈唱道：

“一只乖乖的小狗儿，

两只伶俐的小猫儿，

三只活泼的小兔儿，

四只美丽的小鹅儿，

跑着爬着跳着摇曳着，

来看小宝贝睡了没有。”

“不再看看小宝贝，是睡不着的啊！”五只小鸡说，“他撒谷粒给我们吃，还吱吱地招呼我们。现在是小鸡、小鹅、小兔子、小猫、小狗、小孩子睡觉的时候了，小宝贝也该睡了吧？”

他们轻轻地拍着雪白的翼儿，去看小宝贝，在回廊里，听见小宝贝的妈妈唱道：

“一只乖乖的小狗儿，

两只伶俐的小猫儿，

三只活泼的小兔儿，

四只美丽的小鹅儿，

五只聪明的小鸡儿，

跑着爬着跳着摇曳着，轻轻地拍着翼，

来看小宝贝睡了没有。”

这时候，小宝贝已经合拢他的小眼睛，在妈妈的臂上睡着了。

# 新年

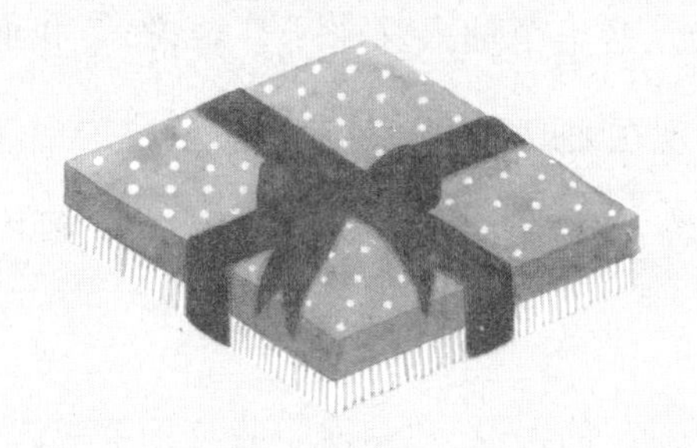

# 仙人的新年礼物

一天，有两个小孩子正在玩耍，忽然一个仙人来了，对他们说道："我送你们一些新年礼物。"

她交给两个小孩子一人一个包，便不见了。

卡尔和菲列拆开包一看，两人都是同样的东西——一本雪白的簿子。

过了许久，这一个仙人又来了，她说："我前次给你们的新簿子呢？现在要取回去给时光老人了。"

"啊，再等一等好吗？"菲列说，"我想画些东西上去咧！"

"不可以了，"仙人说，"这簿子我立刻要拿去了。"

"我想从头再看一遍，"卡尔说，"我常常一页翻过，他们便黏牢着了，无论如何也再掀不过来。"

"好的，你们大家来看，"仙人说。她用一盏小银灯照着，一页一页地翻过去。

两个小孩子奇怪极了，哪里还是去年的那一本雪白的簿子呢？里面有一页，是一个难看的大黑点和挖破了的；反面却是一幅很可爱的小图画。有些是涂着金银的颜色，有些是有朵美丽的花，有些是有条虹霓，淡淡地抹着可爱的颜色，可是美丽的页子有这么多，而那难看的大黑点也有这么多。

“什么人把我们的簿子弄成这样？”他们问，“我们看的时候是雪白的咧！”

“你们要听我解释这些图画吗？”仙人向两个孩子笑着说，“看，菲列，这一页开着一朵玫瑰花，便是因为你肯把你的玩具让给小妹妹玩耍；这里有一只美丽的小鸟，你看他张着嘴儿，好似唱得极起劲，如果你和人家相骂，不好好地和气待人，便没有这幅画了。”

“这些黑点是怎样来的？”菲列问。

“黑点吗？”仙人很难过地说，“那是因为你有一天说了谎，和不听妈妈的话，所有你们两个簿子上的黑点，都是因为你们顽皮不听话啰！那些美丽的页子，便都是因为你们乖乖的才有的。”

“啊，我们要重新来过！”卡尔和菲列请求着说。

“那怎么可以呢，”仙人说，“这是记着你们旧年的功过的，现在要还给时光老人了。这儿我带了另两本新的来给你们，可是你们要当心，不可让他们有这么多的黑点了。”

仙人说完，便不见了。两个小孩子每人手上有本新的簿子，簿面上写着二零 XX 年。

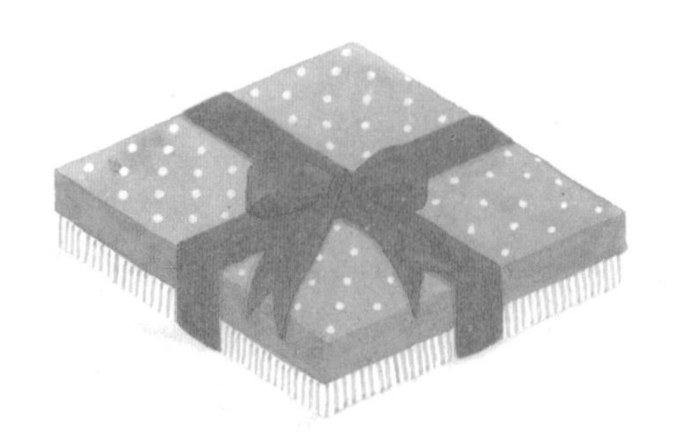

# 猫

# 我家的猫

我还很小时，我们家里有只大黑猫，名字就叫做阿黑。我很爱阿黑，可是阿黑不很爱我。我把他抱在膝上，抚他的毛，他总是一跳便跳去了。他跳跑了，我却不敢再捉他。你不知道他是多么凶啊，露着尖尖的牙齿，向你呼呼叫着，那才真吓人呢！

还有，阿黑不喜欢有客来，而我是非常喜欢的。他常常跑开躲着，我试把他引出来时，他便拱起了背，气恼地叫着。

假使有别家的猫，跑到我们的院子里来，呵，阿黑可不拱起背了，他扑地便追上去将那些野猫赶出了院子为止。因此，邻近的猫儿都不敢跑近来，有时跑过后院篱笆，也像箭一般便窜了过去。

可是渐渐、渐渐地这些都变了，一只缺了一只耳朵、断了一截尾巴的无依的老猫和阿黑住在一起了。我却不明白阿黑怎样会认识这位朋友的。在我家周围五十尺内，阿黑从不许什么猫跑进来，可是他竟容留这一位朋友，把自己的吃食分给他，还让老猫睡在他软软的床上——那是特地为阿黑置

备的一个箱子。一点一点，阿黑的性情也变了，他变得非常和气，他在门口的擦鞋毡上睡时，看见别的猫跑过我家的院子，也只眼睛一眨就算了。

我想，大概是那只流浪猫在吃完中饭、和阿黑一同睡在太阳底下时，对阿黑说过些什么来吧？他一定告诉阿黑应该欢喜，因为有这么一个温暖的家，而且阿黑年长了，也应当聪明起来。聪明的人是不会怒吼、做不正当的事情和跟人家吵架的。

我觉着，那流浪的老猫一定向阿黑这样说过了，虽然我有时跑过他们身边，却从不曾听见。总之，阿黑自从收留了残疾的老猫以后，性情比以前好得多了。

# 黑尾尖的家庭

从前，我家有一只美丽的猫，全身的毛是雪白的，尾巴尖却是黑的，两只眼盖上也有两粒黑点。眼睛蓝蓝的非常好看。我们一家上上下下都喜欢她，她的名字叫做黑尾尖。

晚上，每逢我哥哥练习四弦琴时，黑尾尖总也在客厅里的，她便捉着那一上一下的琴弦的影子。看她忙着扑向这儿，扑向那儿，可是，你们想，她会捉得到吗?

吃饭时，她便坐在我哥哥的膝上，即使哥哥正在吃鱼，她也从不把头抬到桌面上的，猫是多么爱吃鱼的啊!

黑尾尖有四只小猫。一只白的，一只黑的，一只灰的，还有一只和黑尾尖一个样子。黑尾尖把他们藏在阶沿下，衔一块软毡子垫着他们。黑尾尖以为那个地方是再安全也没有了，哪知道，有一天忽然发起大风雨来，小猫们还不会睁眼睛，水像倒也似的泻向阶下，这可怎么好呢?小猫们都湿了。我想黑尾尖一定在这样说:“咪!咪!这样湿，小孩子是不成的呀!小白呢，可以放到角落里;小黑呢，可以用毡子裹起来;小灰我便用自己的身体挡着;可是还有小黑尾

尖，小黑尾尖怎么办呢？哦，有了，告诉主人去吧，主人定会照顾我的小孩子的。”

我想黑尾尖一定是这样自己商量了来的，因为我们坐在客厅里，听见她咪呜咪呜地只是叫个不住，哥哥跑出去一看，看见他们一家都湿淋淋的，便把小猫都抱进屋里来。黑尾尖跟着，咪呜咪呜地在叫，一边擦擦她的脚，好像说：“谢谢你啊！主人！”

黑尾尖看着哥哥把小猫揩干，用布包了放在火炉边，她才跑近火炉，用舌头来扫除自己身上的水点，待毛干了，然后傍着小猫睡下，小猫们咪咪地喊着，一只一只挨近他们的妈妈。

风雨过了，哥哥给黑尾尖在雨水渗不进的地方，安置了一个窝，黑尾尖便安心地住着，从此不用再忧虑淋湿她的小孩子了。

# 马

# 聪明的老马

兰先生有一匹马。几天前，那匹马才装上蹄铁，可是一只脚上的铁装得不好，跑起路来很不舒服。一天早上，兰先生的马忽然不见了。

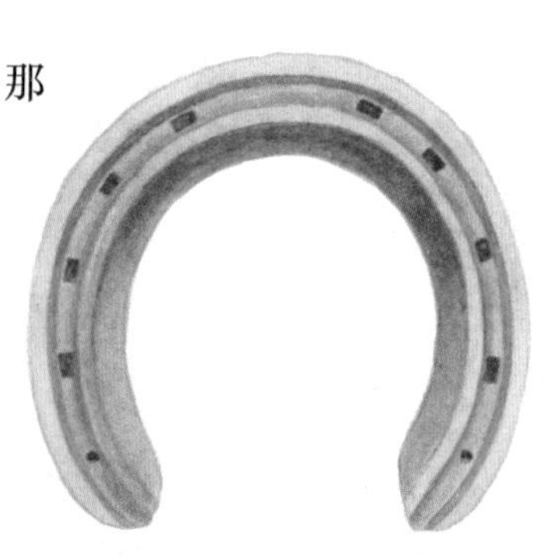

“啊，我的老阿聪怎么咧？”他问。马的名字叫做阿聪，因为他是很聪明的。

兰先生问着阿聪哪里去的时候，看管马棚的小孩子阿添道：“我想恐怕是被偷马贼偷去了，田里和牛栏里我都找过了，还是没有。”

“你怎么会想到是偷马贼偷去了？”兰先生问。

阿添说：“我看见那门脱了扣朝外面开着咧。”

“那怎么能说一定是贼呢？”兰先生说，“我想那门定是阿聪自己开的。我们看看那扇门去，如果门上有马齿印，便无疑是阿聪自己跑掉的了。”

他们跑去看门，果然，顶上的一根横木，有一道马齿印。

“这儿有许多的青草和翘摇花，为什么阿聪要跑掉呢？”兰先生想。

“我们还是去问问铁匠，”阿添说，“问他有没有看见阿聪吧！”

“是的，我立刻看去。”兰先生说。

到铁匠店去有一里半路，兰先生赶到便问道：“喂！克莱先生，看见我家的老阿聪了吗？”

“怎么不见？”克莱先生说，“老阿聪才来过，说我把他右前脚的马蹄铁装得不好咧！”

“你说什么？克莱先生，”兰先生说，“马也会说话的吗？”

“啊，那是真的，虽然他并不用话说出来，可是他的举动恰如我所说的。我刚站在熔炉前，他跑过来，举起了右前足看着我，好像说：‘克莱先生，怎么到了这一大把年纪，还这么疏忽？看这一个蹄铁弄得我脚底都痛了，这还成什么

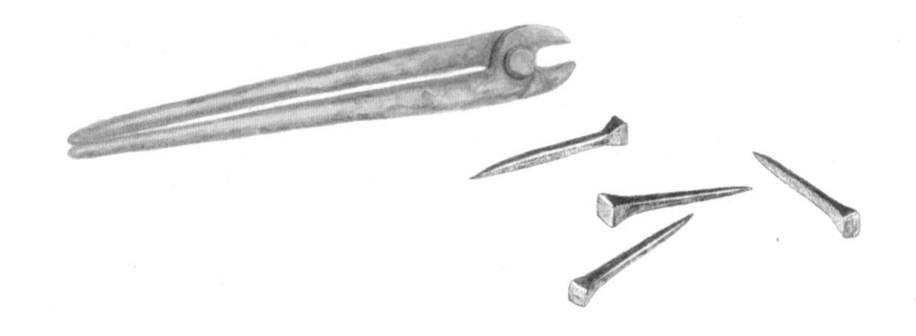

事呢，你不害羞吗？快些拿掉给我重装过。’”

“老阿聪看着你说了这许多话吗？”兰先生笑了。

“的确还多些咧！”克莱先生说，“我给他脱那蹄铁时，他立得像一根棒似的稳，于是我好好地再给他重新装上。我给他装好了，他快乐地嘶了一声，好像说：‘谢谢你，克莱先生。’接着便跑走了。现在你快些回去看看吧，他一定已经在吃他的早餐了。”

兰先生笑着向克莱先生道了早安，便又赶着回去。回到家时，他看见阿添在上门，阿聪已在吃草了。

难道说，阿聪还不是一匹聪明的老马吗？

# 飞马

来西亚的地方，有很肥沃的田地，满长着五谷瓜果。有一次来了一只凶恶的巨兽，践踏了所有的五谷，毁坏了一切的物件。王不堪其惊扰，可也想不出什么法子来。这时恰巧有一个外方的少年，探险来到这地方，王便请他去征服这一怪兽。少年名叫柏勒洛丰，他明知道这差使是极危险的，可是他答应下了。

一天晚上，他横卧着在想，怎样才可以完成这件事，脱百姓于困厄，朦胧中他睡熟了，梦见那个司智慧的女神——雅典娜，授给他一个金的马勒。第二天他下床时，脚踢着一样东西，拾起一看，原来就是昨夜梦里的那个金马勒。他想，大约雅典娜神赐这个东西给他，帮他成功的吧？可是他不晓得该当怎样使用。他拿着那马勒行过草地，来到一个泉边，水是和从前一样滚着泡沫；可是在泉边饮水的东西是多么稀奇啊！少年驻足看着，那是匹雪似的白马，有一对闪光的大翅，一只美丽的脚踏在水里，长的鬃毛两边垂着，正在低头饮水。他看见了柏勒洛丰，便昂首想跑，或想驾翅飞去的样

子。柏勒洛丰一步跨向前——白马睨着他手中的马勒——他真不敢相信会驯服这只美丽的野兽，可是他想雅典娜神给他金马勒，定是为这个而用的。他试着把马勒套上去，白马略动了一动，一点儿也不抗拒地便让他坐上了。柏勒洛丰坐稳后，马便奔腾而起，一会儿展开双翅，像鹰似的翱翔于空中，飞过山，越过原野。

现在柏勒洛丰知道凭了这奇马的助力，定可克服那怪兽。第二天，他和那奇马一同出去，果然得胜了，从此这国土便脱了一个灾难。

他们重回到最初发现飞马的泉边时，柏勒洛丰放飞马去喝些儿凉水。他知道这时候，该放飞马回去了，让他回到高山那可爱的住处去了。那积雪的山峰白马是爱慕着的，虽然他不时爱跑到下面，在那充满花香的田野吃草，和在泉边啜饮那些甘泉。柏勒洛丰十分不忍和白马分别，白马也像有无限依恋。他解下了那个金马勒时，白马长鸣了一声，把鼻子嗅向柏勒洛丰的手，好像说："我是仍会到这儿来的，朋友！"接着四足一踏，振翅飞去了。

从此，柏勒洛丰和飞马成了很亲密的朋友，遇着有什么危难时，飞马便下山来帮助他。

# 请客的马

村里有一个医生，他有两匹马，他驾着这两匹马出诊，已经有十八年了。

一天，他只驾了一匹出去，到夜里才回家。回家后，便把那马关进厩房，隔壁是关着另外的那匹，当中隔着一块厚木板，从天花板直到地面，他放了一把稻秆在槽里，便自进去了。

隔了一刻，他听见马棚里很嘈杂，吃了一惊，便打着个灯笼去看看，到底出了什么事情。他行近马棚，原来那两个马朋友正在快乐地打着呼应。他看一看，日里驾车的那匹马，是在把稻秆从板壁的节眼里塞到隔壁去。那两位老朋友在谈心咧，并且还分吃着稻秆助兴呢！

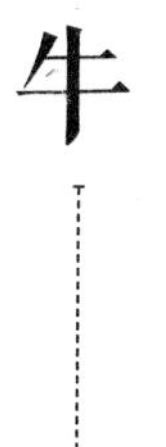
牛

# 牛奶告诉我的故事

你们今早曾吃过牛奶吗？我是吃过的，让我说给你们听，今早躺在高玻璃杯里的牛奶所告诉我听的故事。

我刚把牛奶举到唇边，看见那牛奶很新鲜地起着泡沫，我便说道：“好牛奶，送牛奶的未把你送到我这儿来时，你是在什么地方的呀？”

牛奶起了一阵子泡沫，静下来说道：“我是装在一个瓶子里，和许多瓶子一起躺在送奶人的冰箱里的。那儿真是冷得使你发抖呢。”“哦！所以你现在这样冷，是吗？”我说。“是的。”牛奶说，“装瓶之前，我是和许多牛奶一同住在一只大桶里，那是很远的，在乡里咧，待装了瓶才送到这城里来。”“啊，”我打断了他的话，“你是从乡里来的吗？你是长在树上或种在地下的吗？”“哈哈！”牛奶笑得几乎泼翻到台上，我担心着他会涨破我的杯子。“亲爱的孩子，你难道不知

道我未装到桶里时，是在那河边反刍着的老牛身上的吗？我在变牛奶之前，我是又高又绿地长在河边上，不要奇怪，我便是给老牛吃的草咧！”“多么有趣啊，你原来是草吗？再前呢？”“再前？这故事讲下去太长了。”牛奶说，“我难讲，你也不易听啊！”

“我饮了你之后你又到什么地方去呢？”我问。“哦，你饮了之后，”牛奶说，“我便变做鲜红的血使你强壮和健康。”

“亲爱的好牛奶，”我再把杯子举到唇边说，“这样我用不着向你说再会了，我只要谢谢老牛把你给我，谢谢送牛奶的把你送来。”

我一口饮下那鲜甜的牛奶，我记着那故事，现在把它告诉给你们听。

# 失掉尾巴的牛

有一头母牛，不幸失掉了她的尾巴。怎样失掉的呢？这可不知道了。也许是刈草机的镰刀偶然把她的尾巴割掉；也许是生了个什么疮给医生割掉的。但天下也许的事有这么多，我们又怎能一一地猜下去？总之，母牛不幸而失掉了她的尾巴。

有尾巴的时候，母牛没怎么想到尾巴的好处的，自然啰，有时说起来，还嫌它夹在两腿中间不雅相咧！可是失掉了尾巴，她便开始感到不便而懊恨万分了。

在很热很热的夏天，牛都群聚在树荫底下乘风凉，那些苍蝇便营营地来骚扰这些可怜的牲畜。别的牛都用着尾巴这面一拂那面一拂地赶那可恶的小虫儿，同时还扇扇自己两边热辣辣的大腿。可是我们的那头母牛呢，她只能让它们千百地叮在她的背上，叮得她几乎要发疯也没有办法。牛群立得不耐烦了，便越过草原，直着尾巴，使劲地跳进小溪里。我们的母牛也使劲地一跳，可是她并没有笔直的尾巴，在一群有尾巴的牛里面，她是多么难看和引人发笑啊！小溪里的苍蝇并不比岸上少，她只能深深地深深地埋在水里，因为她没有尾巴可以赶走苍蝇啊！

所有的牛都在嘲笑她，只有小牛犊伴着她，还有那老驴子有时给她些安慰，老驴子也是常常被人家嘲笑和侮辱的，所以他知道被人家取笑和侮辱，并不是好过的事情。

起初，母牛碰着人家嘲笑她，她总是说："可是也没有人再会说我尾巴两面摆了。"（尾巴两面摆意思是说搬弄是非。）她自己以为这话说得很得意，但哪个理睬她呢，他们还是嘲笑再嘲笑，渐渐她感到说了这话，也不能自慰了。

终于她跑到附近的一位兽医那里，在各种病痛里，他有很大的经验，在他的经验里，还死了许多牛。他很和气的，

言明了母牛给她一星期牛奶，他给她换上一条新尾巴。一星期过去了，一条麦秆编成的尾巴，很巧妙地接在母牛的屁股上，颜色涂得恰恰和真的尾巴一般，看上去简直和那原来的尾巴没有两样。

母牛是多么骄傲和欢喜啊！她摇曳着她的新尾巴回到她的牛群里。别的牛都轻轻地互相低语。他们赞赏着这巧妙的治疗。也许在将来，他们中谁失掉了尾巴的话，便可以无忧了。

没多久，忽然下了一阵云头雨，这雨淋掉了母牛尾巴上的一点颜色。她走近草丛边无意地用尾巴拂了拂大腿，一枝荆棘把她的尾巴钩住了，她动一动，一把麦秆拉了出来，此后她碰着触着，麦秆渐渐地散开，她每次拂一下大腿便脱下一些，不到一会儿，她仍旧和从前一样，一点儿尾巴也没有了。

她再跑到兽医那里，忧愁地哞哞叫着，诉说她的疗治怎样不行。那位高贵的人他十分抱歉，答应肯照上次的价钱——一星期牛奶——给她重换一条。这次可不怕荆棘钩住了，是用泥做的，搓揉成一条尾巴模样。照旧再涂上颜色，兽医小心地给她装上，这一来母牛满意了。她欢喜地回到牛

群里，虽然她觉着这一条尾巴没有先前那么轻便美观，可是因为尾巴有用，所以也不管这许多了。几天过去了，她的精神和健康恢复了，可是不幸的事情又来咧！

一天下午，牛群都在牧场，突然翻起了大风，一连刮了几点钟。雨像倒也似的泻下来，那儿是一点躲避地方都没有的啊！我们的母牛可糟糕了，她的尾巴尖渐渐一滴一滴地滴掉，泥尾巴给雨水溶解了。她朝大腿拂了一拂，便印上一大条泥印子，好像哪个用泥鞭子抽过她一般，一拂再一拂，尾巴细些又细些。第二天早晨，她罩上了一副忧愁的面孔，有什么法子，可以挽救这溶解了的尾巴呢?

她再跑到她的朋友兽医那里，他极力地安慰着她，筹思了一会儿，答应再给她装上第三条尾巴，可是这一回要两星期牛奶了，因为这次的尾巴很贵，接上去也很费力的。你们知道这尾巴是用什么做成的吗? 用铁，硬硬的铁尾巴多么像一条水泵柄啊！照样涂了色给母牛装上，她拖着这一条可贵的尾巴，又回到牛群里去了。

但是，新的可恶的难题又发现了：这一条新尾巴重得很，拖在背后是有说不出的累赘，起初母牛还不觉得，过了几天跑起路来，便好像有什么人硬拖着她向后跑一般，累得她常常要休息许久许久。她有时拂了拂尾巴，拂在大腿上是几乎和敲断她的肋骨似的疼痛，渐渐她连拂拂尾巴的力气也没有了。一天又一天地过去，她也一天又一天地疲弱起来，显然的，这样下去，她可要给这条铁尾巴累死了。她跑到兽医那里，他看见她那副样子吃了一惊，连忙给她卸下了尾巴，让她吃了些生力的药。他说，照她这种情形看来只能装一条轻便些的尾巴，可是麦秆既不行，那么只可以用稻草了。他十分小心地编了一条稻草尾巴，牢牢地给母牛装上，一个钱也没有要她的。

这一次果然很好，她可以随意地用来挥赶苍蝇，跑起来还能像人家的一般竖得笔直，很快地，她又恢复她的精神和健康了。可是，在这一个星期末，她正做着快乐的梦儿，料不到的事情又跟着来了。她懒懒地立在路旁篱笆边的树荫下，半睡着似的梦着过去忖着将来。突然，一只苍蝇来叮在她的背上，她正想用尾巴把它拂去，什么人把她尾巴拉住似的，松了时，她吓了一大跳，尾巴短去了一截。她愤怒地回过头去，看见了铜匠的那匹饿马，正在路边吃草，马儿忖着，怎么这样一把好稻草，会挂在牛屁股上，而且他的口正好够着，于是他一些一些的，乘母牛不觉，竟吃去了她大半条尾巴。她无可奈何地，怒恼地大声哞叫着，尤其是看见那过路的畜牲，有味地在嚼着牙缝里的渣滓。

这新的不幸，使母牛失望了，她又一次地跑到兽医那里，告诉他，在这世界上，是没有什么东西能治愈她的残疾的了，如果她没有了尾巴，没多久便一定会失望而死的。

那人回答说，她的遭遇真是不好，可是也不要紧的，如果她能给她一个月牛奶，他可以给她重换上一条十分安全的尾巴。

可怜的母牛应允了，于是他给她做了一条美丽而坚韧的印度树胶尾巴，那是既可以拂掉讨厌的苍蝇，还可以轻轻地两边摇摆。既不怕荆棘钩住，也不怕马儿垂涎，大雨更不会把她淋得溶掉，真是多么安全啊！

有了这一条华贵的尾巴，我们的母牛是说不出的欢喜，全个牧场里，也找不出第二条这么十全的尾巴。她现在可以直着尾巴跑了；可以小心地拂着两边的大腿了；讨厌的苍蝇不怕了；以后她将有无穷尽的快乐。啊呵！光明和美丽消去的时候，是多么难过啊！人生快乐的时光总是很短的，明媚的阳光，转瞬便会盖上乌

云。人的快乐是短的，自然牛是并不会比人来得好些，所以我们的母牛摇曳着她的尾巴才只过得很短的一个月，烦恼便又来了。

在一个可纪念的黄昏，我们的母牛也和平常一样度过了一天，她挤完了奶，便回到牛棚里躺下，恬静地睡觉，她梦到小溪边的青草地，梦到那儿的小樱草轻轻地在低吻流水，她梦着自己在那花香的田野里，随意地嚼着翘摇花，从这儿踱到那儿。她想到了过去的快乐日子，那快乐又重显在她的眼前了；她想到了她所爱的少牛，自从给宰夫做了牛肉，便永不再见了，她愿望母牛对于人类永不会稍减她们的价值，

她们献给人类牛奶和奶冰，尤其是献给了她们心爱的牛仔。周围是静谧无声，我们的母牛甜蜜地在梦着从前的快乐。她睡着，好像她的奶汁永不会枯竭，正和她能永远保有那条印度树胶尾巴一样。

我们的母牛梦着梦着，她梦着一件快乐的东西，一点儿也没想到有什么不幸的事情正在发生。直到第二天，她醒来，突然听见有些轻微的脚步声，在她睡着的麦秆上匆匆跑过。她急忙向周围看了看，牛奶姑娘携着桶来了吗？地上，这些都是什么呀？啊！母牛多么忧愁、愤怒和伤心！那贼性的无赖的老鼠竟光顾到她的尾巴了。它们是那么灵敏，知道那条尾巴并不是活的，因此它可以自由地咬啮，一点儿也不惊动那尾巴的主人。自然啰，乘这机会，它们还不会可能地吃着啃着咬啮着吗？可怜我们的老母牛，她再不能恬静地无忧地睡觉，她什么快乐都没有了，她怒得只有吼叫，使她更其愤怒的，是一只高踞着的老鼠，有味地向她舐着嘴唇。

“啊！你这可恶的贼！”母牛叫着，“我怎么得罪你们，你们要这样伤害我？你们都是可恶的贼啊！我恨不得捕鼠者立刻便把你们一网打尽。”

“太太。”老鼠正色地回答，“你这样粗暴是很无礼的，但我都能原谅你，因为你在气头上咧，不过你要知道，这一次可教训了你，教你以后不要再做虚伪的事情。假如一个人，穿戴了不是自己的东西，那么不立刻，将来也总要败露的，无论她是一位太太的头发，或是一头牛的尾巴。自然，作伪的人是不欢喜人家揭破她的狡计的，可是揭破人家的虚伪，是我们诚实的老鼠的职责，我很明白，因为我也有份责任去揭穿一位作伪者的假面呢！”

说完，那老鼠自顾自跑了，让老母牛凄凉地独自在哞叫。这时候，她怎么好呢？将跑到哪儿去呢？兽医已经给她装过五次尾巴了，可是仍旧使她这么痛苦，麦秆的，泥的，铁的，稻草的，现在的印度树胶的，同样是不行，这还可以去试吗？是不是会弄得好些，让她脱离苦恼的呢？她迟疑不决的时候，想起了那头温顺的老驴子，便去找他，看他可有什么好的主意。

“牛太太，”老驴子说，他看见

他的邻居来找他商量，面上露出了几分得意，“我是一头谦卑的畜牲，假如不是你喜欢的话，我真不敢向人家发表些什么意见。我呢，我也是根据了自己活在世上的经验而说的，幸而被你采纳了，也许对你有些益处。我一生从未远离过苦恼，我永远给人家当面唤做笨驴，这个，也不是没有理由的。我觉着自己在求了解一桩事情，而举止上欠快了一点儿，便被人唤做愚蠢。我只不过手脚上慢了些，人家便说我躲懒，我被人骂做强顽的畜牲，我实在不过是显露出那依照了真智慧的忍耐决心罢了。因为这些，我受尽了打击与凌辱，真可以

说，我一生都是波折。我总是默然地忍受，忍受。时间是会把这些抹去的，现在我的皮已经被打得坚韧了，我两只听惯人家骂詈的耳朵，已经木木的了，安静的灵魂不会再受到什么惊扰。为什么你不能像我似的默默忍受呢？我想，你太为那些无须的烦恼而自扰了。学着吧，学着怎样把那不能免的烦恼也搁开，你便将成为一头快乐的母牛了。我敢说，我今天所以成一头满足的驴子，是给不幸和困苦锻炼出来的啊。”

母牛静静地听那老驴子说完了，便告诉他从老鼠那里听来的话，如果作伪是不该的呢，那么她不再到兽医那里装些伪尾巴了。

“这一点，”驴答说，“我可不敢下什么意见。自然，能够永远诚实、正直，一点儿也不虚伪，是最好也没有了，但是你怎么能说，一个残疾的人装上一只木脚是不对的？还有，太太们的头发固然与我无干，可是修饰修饰也没有什么大碍啊！至于说到母牛和她的尾巴，那便更不同了。失掉了一种有用的东西，而去找一样和她相似的补上，这也能算是作伪吗？一头爱美的母牛更毋需为这个惭愧。老鼠是贼性下流的东西，他说的话自然也离不了这个。”

母牛为她朋友的话动摇了，她哞叫了一声算是感谢他，

自己再几次三番地忖度忖度老驴的话，终于决定再去找那兽医，她并不是要再接一条尾巴，不过讨还那一小截尾巴根，这样她可以减少一些痛苦。

那个好人仍和先前一样和气地说，树胶尾巴也会闯祸，真令他又惊又奇。他已经想到了，有一种方法，用绳子编成尾巴，那可最安全也没有了。可是母牛辞谢了，老驴的话深深地感动了她，她决心要忍耐一切苦恼。

现在，孩子们，你们也该学我们的母牛啊！是的，你们没有尾巴，绝没有母牛同样的痛苦。可是头痛咧，伤风咧，

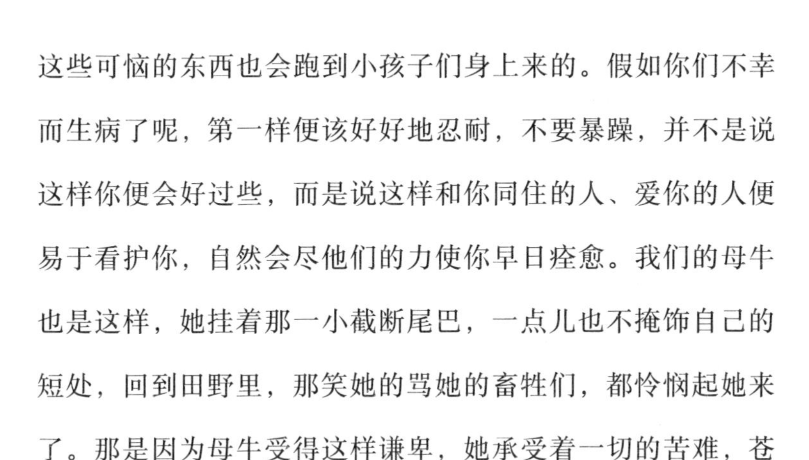

这些可恼的东西也会跑到小孩子们身上来的。假如你们不幸而生病了呢，第一样便该好好地忍耐，不要暴躁，并不是说这样你便会好过些，而是说这样和你同住的人、爱你的人便易于看护你，自然会尽他们的力使你早日痊愈。我们的母牛也是这样，她挂着那一小截断尾巴，一点儿也不掩饰自己的短处，回到田野里，那笑她的骂她的畜牲们，都怜悯起她来了。那是因为母牛受得这样谦卑，她承受着一切的苦难，苍蝇叮在她身上她也不烦躁不发怒，她还尽力地去帮助别人。

母牛渐渐地为所有的畜牲称誉了，说起什么，总是引她做模范。温静的性格是满足灵魂，影响了母牛的康健，她的奶汁是一天比一天丰富，全牛棚里她是最多奶汁的一头牛，挤牛奶的姑娘是永不会说够了的，可是她说她是离不了这母牛了。

母牛忍耐的效果来了。一天，她立在从前给人家去掉稻草尾巴的篱笆边，她听到了渐次行近来的蹄声。原来铜匠的那匹马——吃她尾巴的那匹马——又来了。他有礼地叫了一声，先和她打招呼，他告诉她，怎样听见人家交相称誉她的品行，使他想起了从前冒犯她的事情，真是愧赧无地。

“我也不知道，太太，”他说，“怎样我才能赎还我的罪

过，可是有一回，我碰到了只做马戏的可敬的长颈鹿，他对于尾巴这一门是极有研究的，他说他有一种十分灵验的药膏，曾经治愈过无数绝望的疑难杂症。我诚切地恳求，才讨得了一瓶这种无价的药膏，现在呢，我愿意把这药送给你。”

母牛感于铜匠的马的诚意，虽然她不十分相信那药膏一定灵验得像他所说一般，可是她也觉着那长颈鹿并不像那种说真方卖假药的骗人郎中，于是她欣然接受了，并且说她一定试试看。

这一晚，她便去找着老驴，让他在她那截尾巴根上涂些药膏，还照着那瓶上所写的，一星期涂上三次。

说来也奇怪，才涂了一星期，尾巴根上果然长出毛来了，老驴还说，他觉着那截尾巴根长了一些。两星期过尽，老驴的感觉已成了事实。我们母牛的尾巴一点点地生长了。

母牛是多么欢喜啊！老实的她便想立刻去给兽医看看，

可是老驴说这不行的，兽医一定会妒忌长颈鹿，这么一来，事情便要弄糟了。因此她便不去。继此，她的尾巴是顺利地生长着。

母牛静心地躲在家里，一次一次地涂着药膏。直到一瓶空了为止。大约过了两个月，她的尾巴已经有先前一半那么长了，再过两个月，啊！我们母牛的尾巴是和左右邻居的一般长一般齐了。

所有的烦恼都已过尽，她从各地接到了许多祝词和亲切的询问。主人也奇怪着，怎么没有尾巴的牛会长出尾巴。挤牛奶的姑娘，为她所宠爱的母牛，简直欢喜得鼓舞。母牛自己呢，她庆幸自己居然会有长出尾巴来的一天，但她总觉着这是由于她能够忍耐并和气待人，才能够得到的报偿。

从此，她真成为了一头快乐的、顺利的、满足的母牛。

# 一个勇敢的女孩子

一百多年前，有一次英国和美国交战。一个美国的女孩，姓蓝名叫爱丽，她的爸爸和两个哥哥都从军去了。因此，只有她和她妈妈两个照管着农场。

距这事的两年前，爱丽的爸爸曾给了她一头美丽的小牛，她俩立刻成为了很要好的朋友。那头小母牛像懂得小主人的意思似的，这时候，每当小爱丽上田去，它也必紧随在一起。

在战争中，某一次，英国的军队来到小爱丽住的那个村庄了。

一天，士兵们行到蓝先生的农场，看见小爱丽的母牛，便用一条绳子缚着角，拖了就跑，小爱丽百般地请求，士兵们仍旧理也不理她地跑去了。

小爱丽想都不想，便立刻赶到马厩里，跨上她的小马，驰去见英国军队的将军。那时，小爱丽才不过十二岁啊！

一个士兵，荷了枪，在将军的营外来回巡行着。

“干什么？”他看见小爱丽如飞地赶到，便问。

“我要见将军。”她说。

“见他有什么事情？”士兵问。

“请让我通过，我非见他不可。”那小女孩子再说。

士兵以为她真有什么重要的事情，便让她进去了。

将军正在和几个朋友一起吃饭，看着小爱丽冲着进来，便问道：“孩子，有什么事情啊？”

“我要讨还我的牛，将军，你的士兵把我的牛牵着跑了。啊！将军，你非把它还给我不行啊！”

“你叫什么名字，小姑娘？”将军和气地问。

“我叫蓝爱丽，住在离这儿三里远，我家里还有一个妈

妈。你看见我的牛了吗，将军？这牛是我亲手养大的，我不能让什么人拿去，将军，你知道如果是我，我是决不会抢你的牛的啊！”她说着，骄傲地昂起了她美丽的小脸。

将军起立。“跑过来，小孩子。我答应你，到明天，你的牛便仍旧回到你的牛棚里，来，把这拿去！”他说着解下了一对银纽扣递给小爱丽，“我的兵士如果再来骚扰你的牛时，你可立刻跑来见我。”

将军践约，第二天便命令抢牛的士兵把牛送回。

小爱丽谨慎地收藏着那对银纽扣，现在还在她的曾孙子那里呢！

# 狗

# 阿花怎样回家

我有一个朋友，她养了许多的狗。有一天，她想：“我送一只狗给姑母吧，她一定喜欢像阿花那样的黑白狗。”

所以，阿花便被送到二十里远的一个新家里去了。

但是阿花不喜欢这一个家，他觉着那儿并没有他的老家好。

老家里，什么人都宝贝他，可是在这儿呢，既没有人把他爱抚，他们还把一条铁链系在他的颈上，把他缚在农场里。

阿花坐在地上，只是想弄脱那条铁链，可是他怎样弄得掉呢？他愁苦地叫着：“啊！假使我能回到我的老家——假使我再能和我的朋友在一起，那是多么好啊。”

阿花是不认识回家去的路的，因为他们送他来时，是把他装在一只大袋里的，袋口还紧紧地用绳缚着，使他不能看见经过的路。所以阿花是愁上加愁，他第一脱不了那铁链，第二又不认识回家去的路。

但是“有志者事竟成”，这话你知道吗？

一天，有人领着阿花到马路上去散步，阿花想："这人并不很喜欢我，如果我让他把我再领回新家的话，他是又会把我锁起来的，还是不理他，跑吧！"

阿花窜到路边的草丛里躲着，等那人一直行去，走得很远了，他才发觉阿花没有跟在脚边，他大声喊着："阿花！阿花！好狗阿花！阿花！"

"我躲在这里，但我却不出去，"阿花想，"你就是喊我好狗，我也不来，我做好狗，你便可以把铁链子系在我的颈上。不上当，不上当。"

那人喊了一会儿，以为阿花已经先回家了，便也回去，可是家里哪儿有阿花的踪影呢，直到夜里，阿花还是不知去向。

“阿花死了吧！”那人想。

阿花是否真的死了呢?

慢些看，一整星期过去了，关于我们那可怜的阿花的消息，还是一点儿也没有。

一天，我那个朋友——阿花的旧主人——携了几个孩子在街上行走，突然，他们看见离家不多远的路边，有一只很瘦的黑白狗，可怜地在跛行着。

他的脚已经被石子戳破了，毛上也染有鲜红的血。

“啊！妈妈，妈妈，看那不是我们家的阿花吗？他回来了呢！”一个孩子喊着说。

“果然是我们家的阿花。”我的朋友说，“二十里远的路程，真的，他怎么回来了？送去的时候不是装在袋里的吗？啊！可怜的阿花，你是这样瘦了！”

孩子都跑近阿花去，轻轻地用小手抚摸着他的头。

他们带阿花回家，连忙给他肉吃，给他牛奶喝。阿花已经几天没有吃东西了，阿花快乐地吃着，可是他更快乐的是能够回到老家，能够和爱他的旧主人在一起。

# 牧羊狗的智慧

几年前，苏格兰下了一次大雪，积雪足足有几尺深。

那些牧人担忧得很，因为他们整百的羊群，在山上一点儿遮盖也没有。在一个牧场里，差不多有三百只羊失踪了，于是牧人、长工，以及他们的那只牧羊狗，叫做立夫的，大家都分头出去找。

跑到田野里，白茫茫的只看见一片都盖满了白雪，他们

的羊群便埋在这积雪下面。牧人试着拨开那重重的积雪，想救出那些不见了的羊群。可是这样广阔的雪田，他们怎么知道什么地方有羊，什么地方没有羊呢？

雪是越下越紧，这时，立夫也来了，他尖声地短吠着，用他的脚爪在雪面这儿那儿地爬抓，牧人和长工们便跟着他爬抓了的地方掘去。每一个立夫爬过的洞，他们掘出了一只羊，一夜辛苦，终于把大多数的羊救出了。牧人十分感激他的狗，他对人说，假使那一夜没有立夫的话，他便要损失所有的羊了。

## 狗和小猫

有一个人，他养了一只小狗和一只小猫，他们俩非常要好。他们常常一起在灶火边睡觉和玩耍。一天，他们又在灶火边睡午觉，壶水沸了，溅到地上来，烫痛了小狗，他汪汪地叫着，跑开去了，可是立刻又跑回来，把小猫衔到水溅不到的地方，原来他是怕烫痛了小猫！

# 一只狗的故事

英国有一个杂货商人，他有只很大的纽芬兰狗。一天，他正卧在门口的阶沿石上，一架酿酒者的雪车，很快地从山路上驶来，将驶到他们的门口时，一个小孩子在雪车必经的路上滑倒了。这时候，假如那狗不看见呢，小孩子是必定给车轮辗过的。小狗飞似的奔上前去，把他衔到人行道上，就这一刹那，雪车驶过去了。

# 鞋匠

# 两只鞋子

有一个小女孩子，人家都叫她“两只鞋子”，但这是不值得惊异的，且听我把这故事告诉你们。

这小女孩子本来叫做玛加利，她有个哥哥叫做汤姆。这两个可怜的小东西，既没有仁爱的爸爸赚钱养他们，给他们吃给他们穿，也没有好的和亲爱的妈妈当心他们。因此他们常常手牵着手在街头流浪着，是这样可怜，褴褛，凄凉，而且还要挨饥忍饿。

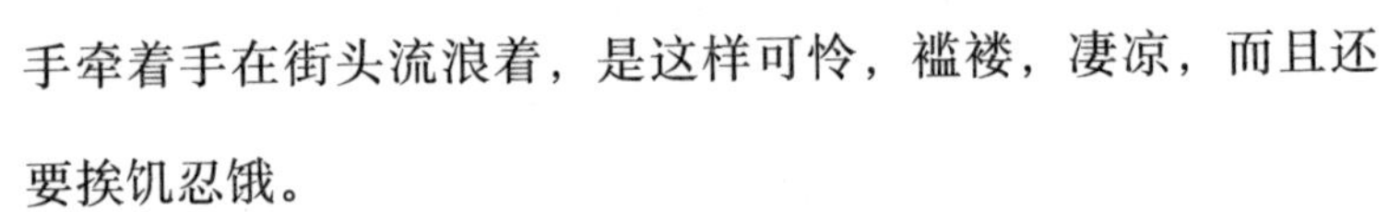

村里的人有时给他们些吃的东西，他们自己在树林里和路边拾些果子。到夜里，太阳落了，天黑了，汤姆和玛加利便跑到农人的村舍里，向农夫和他的妻请求道：“让我们在你们的仓舍里住一夜好吗？”

“好的，来住吧！”农夫说。于是两个小孩子便在温暖的稻草上做着甜蜜的梦，快乐得像两只小小鸟。

世界上是有许多好人，会可怜那些无家的孤儿，像汤姆和玛加利他们似的。一天，有个绅士见他们流浪着，不觉动了恻隐之心。

他看见玛加利的小肥脚，给路上的小石子断竹枝抓得一缕缕的都是伤痕。“有了。”他自己说着，便把两个小孩子领到鞋匠那里，对那鞋匠说道：“鞋匠师父，给我做双小皮鞋好吗？”

“好的。”鞋匠说，他量了量玛加利的脚，便动手做起来。

他从一块很厚的大皮上切了两小块来做鞋底，再用一块软薄皮子做鞋面，很忙地用他的针戳着洞，用他的蜡线一上

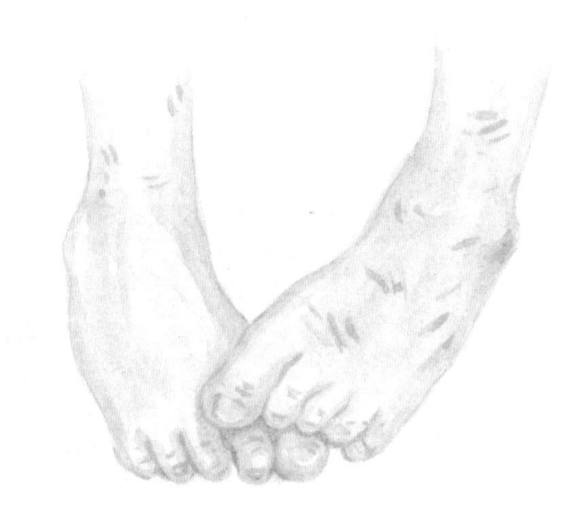

一下地穿着，给玛加利做鞋子了。

不管鞋匠做鞋子，且说那个绅士，他又为汤姆打算着了。

“汤姆，”他说，“你跟我到船上学做水手吧。”慈爱的夫人便说：“那么玛加利跟我一起吧。”

事情这样决定了，最难过的是汤姆和玛加利要分别了。到汤姆要动身的那一天，他们相抱着哭了许多时候。汤姆去了后，一天，玛加利跑到鞋匠店的窗柜外，隔着玻璃看那鞋匠做鞋子。

鞋匠坐在那儿，膝上搁着一块光光的石，手上拿了锥子，正在把玛加利的那对小皮鞋的底面缝着。自然喽，没过多久，那小皮鞋便完工了。他们说小玛加利离开她的哥哥一定很寂寞和难过，哭哭慢些是会哭出病来的，这一双新皮鞋给了她，也许她会开心一点儿吧？

亲爱的，你们真不会知道她欢喜到什么程度呢。她一直赤着脚，你是知道的，她的脚又痛又冷，现在这一双新皮鞋，乌黑的，亮晶晶的，踏起来还会咯吱咯吱地响，那真是多么值得欢喜的事情啊！

玛加利举起脚给亲爱的夫人看，并说道：“两只鞋子，奶奶，两只鞋子！”这个快乐的小鸟一遍又一遍地说着。她

赤脚之前，一只鞋子穿了许多时候，因为有一只鞋子，在她和汤姆开始流浪于街头时，便失落了。

小玛加利穿了两只鞋子，从村头跑到村尾，看见认识的人便举起了脚，说道：“两只鞋子，看，两只鞋子！”

每个人都很欢喜看见这小女孩子如此高兴，他们在路上相遇了总是含笑地互问道：“看见小两只鞋子吗？”或者相互交谈说：“小两只鞋子真高兴呢！”这样她的玛加利这个名字，人们渐渐地都忘记了。

# 做皮鞋

一天，我们去看做皮鞋，那儿有许多人在一间大房子里做着不同的工。一人在切鞋底皮，另一人在切鞋面。他们把皮切下来，随手便浸在水里，因为皮浸湿后是会变软的。

还有一人把垫里的底皮和一个模型扎在一起，用锤把木栓一块一块地敲进去，那锤的边边是圆的。

“皮鞋师父，怎么你锤子的边边是圆的咧！”杰克问。

“不圆不就要弄坏我的皮了吗？假如重些敲还会敲成一个洞呢。”皮鞋师父说。

“皮鞋师父，这圆的一面你要来敲皮，那一面平平的要来干什么呢？”耐莉问。

“看吧！”皮鞋师父说。

“哦！要来擦皮，不是吗？为什么要这样擦咧，皮鞋师父？”

“把皮擦软些，穿在脚上才不会痛啊！”

“以后呢？以后便怎么样？”

“以后吗？到那面看吧，我的工作就只有这个。”

我们照着那人指点的地方行去，看见一个人在把鞋面皮包在一只脚样的模型上，修剪到他们配合得正好。直到配好了，拿到一个专门缝纫的姑娘那里，她拿来放在缝纫机上缝合起来。缝后，划线，衬硬那鞋后跟，再由另外一人把那整妥的鞋面重包在木模型上，和里面的一重底皮缝上，然后再装上外面的那层底子。最有趣的，便是一个人塞满一嘴巴木栓子，拿一块塞到那底面相接的地方，很快地用锤子敲

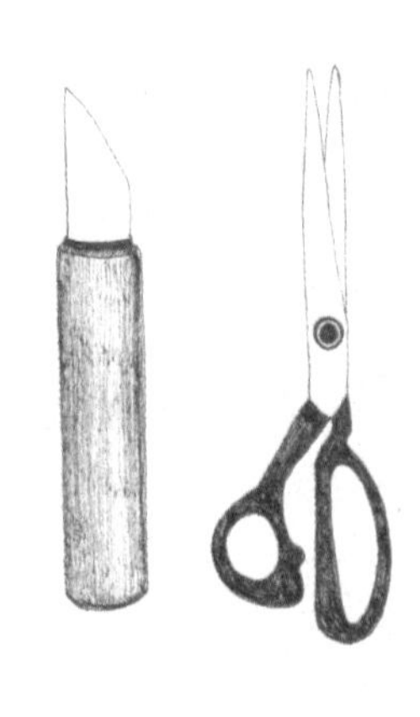

进去，再一块一块的，很快地随塞随敲。

我们再跑去看那缝纫机，缝纫机是缝鞋面的，还有那打眼机便是打眼的！（那些眼打在皮鞋上用来穿鞋带。）

有些皮鞋是用纽子不穿带。那覆在上面一块皮的边上打了洞，在下面相对的地方钉上纽子，就是了。

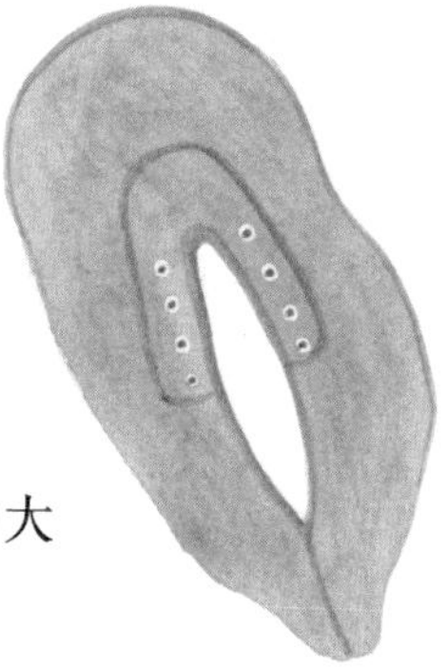

在皮鞋出售之前，还有许多手续，这里可不能一一细说，但是上面所说的大致是差不多了吧。

# 鞋匠和小孩子

许久之前，海洋那面的城里住着一个鞋匠，鞋匠很疼爱小孩子，他还可怜那些除了马路上便没有地方可以玩耍，和整天也没有人照顾的小孩子。自然，那些都是穷苦人家的小孩子啰！爸爸出去做工了，妈妈也出去给人家浆洗了，那么，还有什么人会来照管他们呢？

鞋匠想，把那些小孩子唤到店里来，不比让他们在街头玩耍好些吗？而且，至少还可以学点东西。一天，一个小孩子——我们叫他约翰的，拿着一双鞋子到他的店里来修补，鞋匠说："小约翰，明早到我店里来看我修补好吗？补好了，你还可以随手就拿回去。"

"好的。"约翰说。

第二天，他一早就跑到那鞋匠店里，可是鞋匠比他更早，已经把皮浸在水里了。他预备把皮浸软了，好给约翰补鞋子。约翰来了，鞋匠拿起锤子，用圆的一面把皮敲了，再用那平的一面把皮擦得柔软适用。

那锤子的边边是很圆滑的，并不像别的有着尖的那边，

这样是不会伤着那些皮。然后鞋匠把那鞋子穿在一只木脚上，先用一块纸依了依那破洞的大小，再照着那纸的大小，切下一块皮来缝在那破洞上，你们知道他用什么东西缝的吗?

“针和线。”

对咧，他用很粗的黑线，可是不用针，而用一根猪鬃毛。他将线的一头松开，夹进猪鬃毛去，用蜡一涂，便把线和毛贴在一起，在补的一块皮上和鞋子上钻了洞，便用他的猪鬃毛夹着的线缝起来。小约翰很有兴味地看他做，另一个小孩子看见约翰在店里，也跟着跑进来，一个又一个的差不多来了有十多个小孩子，都围在鞋匠的身边，以后这些小孩

子尽管招引着同伴到鞋匠店里，来看鞋匠补鞋做鞋，因此，鞋匠的店里每天都塞满了孩子。渐次，鞋匠教他们认字，教他们算法。他们数着他的皮，他的钉，他的锤子，和其他的什么东西。有些小孩子学习着做鞋，这个到他们长大了，便可以靠他来找饭吃。他们从鞋匠那里学习着，因为鞋匠的仁爱、宝贝小孩子并尽力地教育他们，因此他们长大便都成为好的有用的人了。

# 铁匠

# 一个跛足的人

从前有一个跛足的人，名叫那坎，说起他我便要滴出眼泪来。他生在一百多年前，什么时候死的我就不知道了。他的脚被什么压碎了，因此差不多不能行走。

那时，国里刚巧和别国开战，将军下了令，每个成年男子都要从军去。于是一队一队的义务兵都出发了。最后，再来了一个命令，问还有哪个可以去，老人和童子便都加入了志愿兵的队伍，村里除了那坎，没有一个上十三岁的男孩子。他们预备出发了，那坎也尽力地撑起来，肩上荷着一柄枪。军官看见了，跑近他身边说道：“那坎，你怎么也到这儿来？”

“是的，我也来了。”那坎说。

于是军官再说道：“回家去，那坎，你一里路也不能跑，

怎能也从军去！”

他唤来了医士，医士说道：“回去吧，那坎，你是非回去不可，强争也没有用的了。”

他们把他留下出发了。随着悠扬的军乐，每一个男人、每一个童子都出发了，只剩下了那坎一个人。他有一个很好的家，可是一夜里他辗转着不能入梦。第二天，他想道：“我真是寂寞死了，还是找些什么事情做做吧！”那时正当秋天，他蹩去和寡妇柯丽斯砍柴，那坎虽然不能行走，但砍柴是会的。他砍了还不到一点钟，有四个人骑着马来了，他看见他们停着在说话。一会儿都去了，一个又重折回来，向那坎打了个招呼，在马上问道：

“这儿的人都到什么地方去了？”

“都从军去了。”那坎答。

“连一个铁匠也没有了吗？”

“除了我，什么人都没有了，童子也都从军去了，我是因为跛着才留在这儿的。”

“你知道有什么人会上马蹄铁的？”

“上马蹄铁？我会。”那坎说。

“那是好极了，请生着你的炉，就给我上吧！”

那坎生起火，把炭吹红了，给马重新装好了马蹄铁。那人道谢去了，那坎继续再把寡妇的柴砍完。

隔了一星期，童子们回来了，他们说怎么正在危急的时候，将军乘着马飞驰而来，指挥着军队杀上前去，就这么一来，我军得胜了。你们要知道，那脱落马蹄铁的人正是将军，假如没有那坎给他装上，他怎么能冲到阵前去呢？在这一次战争中，那坎虽然没有从军去，但他是有着大功劳的呢。

# 锻冶神——伏尔甘

高高的白云上面，住着许多神和女神，一条很阔的路横在天上——这个，你在清明之夜也能见到——路两边耸立着神们的巨大的王宫，那有着昂伟的回廊，平滑的柱石的最美丽的一座王宫，便是锻冶神伏尔甘的。那是用青铜筑成的一所宫殿，太阳闪耀着，周围几里都能望得见。这宫殿是伏尔甘自己手造的，因为他很聪明，会精巧地使用各种金属。

他用他的大铁砧和锤子做了许多奇妙的东西——一套套的盔甲、盾和矛、银杯子、金项圈——都是极尽精巧。有一回他用金和银做了一对狗，完全和真的一模一样，因此拿去给一位皇帝守宫门了。也许伏尔甘对着他的熔炉工作过度了，他行走起来是没有其他的神那么方便的。他有一只弯曲的脚，

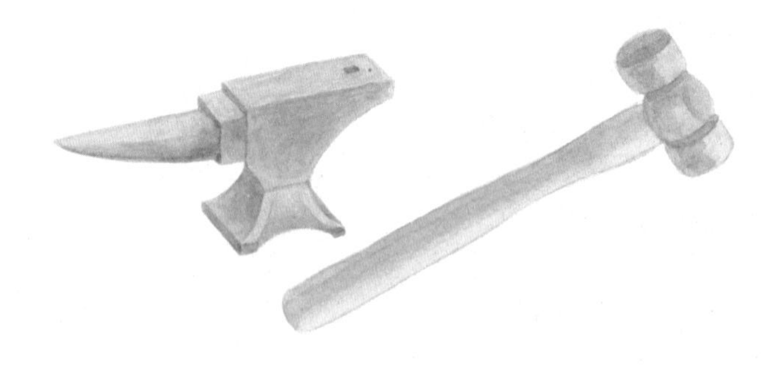

走路是一跷一跷的。可是谁也没有看见过他不在熔炉上弯着阔肩，和那粗壮的手臂离开过铁砧上的锤子的。

一天，伏尔甘正抽着风箱，做得一身污秽和一身汗的时候，一位美丽的女神来访他了。伏尔甘的妻子出去接待她进来，让她坐在一把饰着银的交椅上，便去通知伏尔甘，因为女神有事要见他。女神有一个勇敢而高贵的儿子——是一个伟大的勇士，名叫阿喀琉斯——她知道他立刻要冒着生命的危险出去打仗了，她为这个日夜焦忧，而且她知道，阿喀琉斯不见了出征时所御的那副甲胄。她筹思着，忽然想起了曾经听见过有一副极奇妙的盔甲，坚韧得无论什么都不会贯穿——是某一个皇帝的甲胄——而这种盔甲只有伏尔甘会做，阿喀琉斯虽然不是皇帝，但他是勇士，也许伏尔甘会答应她也做一副的吧？女神踌躇着，总不敢向这一位锻冶神开口，可是她终于跑到他的宫殿里来了，现在在坐着等伏尔甘的回答。

伏尔甘给他的妻子一唤，便移过风箱，将手里拿着的家伙放进一只银箱子里。净了净面上和手上的尘污，支了根棒一拐一拐地拐到前面。他看见女神露着愁苦的脸，便在她旁边坐下，问她有什么事情。女神把来意说了，伏尔甘教她且自宽怀，他立刻就动手做去。他快快地拐回他的工作场，从银箱里拿出家伙，移正了风箱，在火上烧着铜、银和金。风箱里抽出了猛烈的风，火焰烘烘地迸着火舌。火候够了，伏尔甘钳了那些金属出来，放在铁砧上，运用他灵敏的手腕，敲咧锤咧的，直到做成一副完美的甲胄——那胸甲简直比火焰还来得闪亮，他还做了一顶头盔，饰着很大的金顶，还有许多片叶子，来保护这一位勇士。可是最美丽的还要推那一面盾，那真是天上人间都稀有的，表面上刻着许许多多的图画，你如看完他便好像看完本图画书一样。还有伏尔甘雕刻的那些人物，生动得真要令你吃惊呢！人，便真的像在跑路；

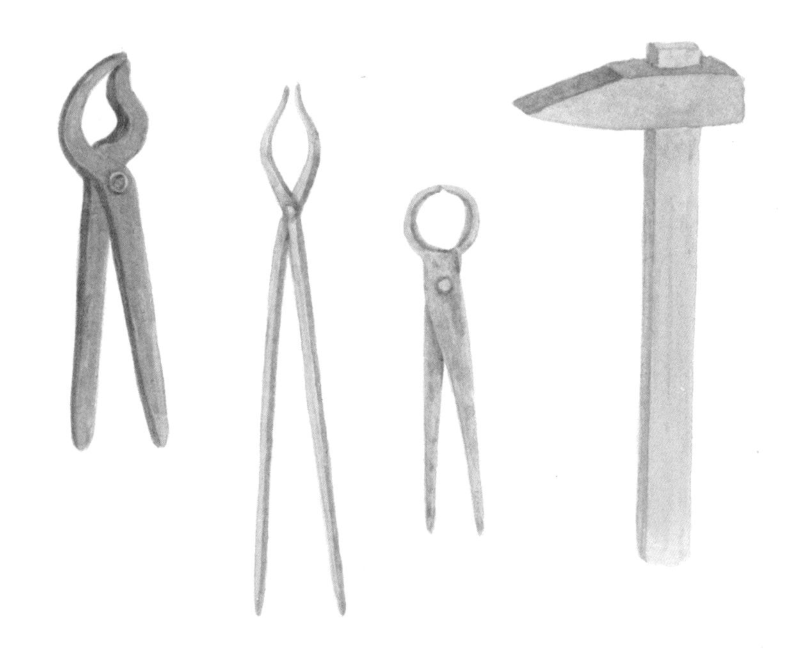

羊，便真的像在吃草；还有那些男女小孩子，头上戴着花冠，有些在跳舞，有些在赛跑，都是描画得栩栩如生。

整副甲胄完工了，伏尔甘便拿到阿喀琉斯母亲的面前，环甲相击叮当发响，女神心里有说不出的快乐。伏尔甘拿着那面盾说道：“这面盾，谁御了，是无论什么刀枪剑戟都刺不进；看，我是又把他装饰得极尽奢华。因为我在锻冶的时候，想起了穷困的幼年时，曾蒙你女神多多的照拂，使我至今也存感戴。我是愿意尽我所有的能力，把那副甲胄做得超神入化的精巧，以报答于万一的。”

伏尔甘做了许多著名的东西，而这副甲胄是最奇妙的。许久许久，人们还爱谈着阿喀琉斯的甲胄——伏尔甘存着报答的心，用聪明的手而做的那副甲胄。

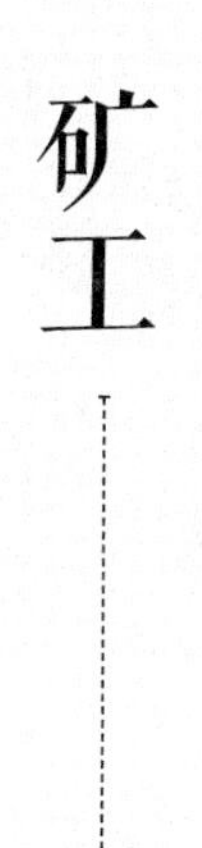

# 矿工

# 煤

爸爸妈妈和几个朋友一起去参观了一个巨大的熔炉。那熔炉是炼铁的。铁矿块从地下掘出来时是不能用的，必须经过熔炉的锻炼。除去了杂质，成为纯铁，然后才可以制造器具、炉子、釜锅等其他的东西。

煤也是从地下掘出来的，许多年前，还不曾有人类的时候，地面上长满了大树、野草和鲜花。那些叶儿落了，树儿倒了，泥水便把他们覆埋了；树木花草一边生长一边倒落，泥水也一边把他们淹埋，经过千万年后，那些压在地下的树木都变得和石块似的坚硬，这时候便可以用来做燃料了。

你们看见过煤的，上面有叶子、野草和树皮吗？许多人跑到地底下去把煤掘了出来，汽车便将那些煤运到大城里卖给人们。冬天，我们便可以暖暖地坐在热烘烘的火炉边了。

# 水（一）

# 雪花

从前有一粒小雨点，他在云里玩够了，思量到地面去，看能做些什么好的事情，于是他动身了。

他落下的时候，经过了一块很冷的云。他并不像我们似的，冷了便缩拢着，他只是伸着伸着，渐渐不圆了，变成长长的细细的硬硬的，一根针似的，简直是一根冰针。

他落到半途，碰着了另一个和他相似的冰针。

那一个说："小冰针，哪儿去咧？"

"到地面去，看看能做些什么好的事情呢。"

"我也要到地面去啊！"于是那一个便连在第一个的身上（两根冰针合成一个六十度的角度），一起落下去。

没多一会儿，他们又碰着了第三个，那第三个说道"小冰针们，哪儿去咧？"

"我们到地面去，看看能做些什么好的事情呢！"

"我也要到地面去。"于是他和他们连结在一起了。（第三根冰针，也是六十度地连起来，这样，直到连成一朵六角形的雪星。）他们再遇到其他三个冰针，他们也都连在他们

的身上，于是六根冰针合在一起落着，他们便叫做雪花了。

小雪花又碰着了别的雪花，他们问他到哪儿去。

“到地面去，看看能做些什么好的事情咧！”

“我们也到地面去，可是到地面上的什么地方去好呢？”

“我知道。”一根小冰针说，“去年夏天，在我还暖暖的和圆圆的时候，我看见一处地方，有个可怜的病小孩在那里种下了几粒种子，那种子是一位仁慈的太太给他的。我想，我们还是落到那地方去吧，盖在上面，地里的种子便不致冻死，到来年，那个孩子便有美丽的花儿了。”

“啊，我们都愿意落到那儿去。”他们说着，于是很快很快地，他们飞到埋着种子的地方去了。别的雪花看见了，也都跟着飞去，直到那儿厚厚地盖满了雪花，足够保护那地下的种子，在一个冬天里不致冻死。

天气渐渐地温暖了，雪花融成水渗入地里，种子吸取了水分，一天天地膨胀起来，渐渐地，小小的叶儿从每粒种子里抽出，伸展到地面上了，别的叶儿也长出来了。到夏天，小小的孩子有了许多美丽的花朵，而这些，都是因为有一粒小雨点，思量到地面上做些什么好事情才有的呢。

# 不绝泉

许久以前，苏格兰住着两位小公主，一个生得十分美丽，另一个却又黑又矮而且有残疾。这两姐妹一起住着，大家一点儿也不相爱。

大的叫玛丽安，小的叫露西。玛丽安是很憎恶露西的，因为她美丽，人家都赞美她，她听见人家说妹妹露西很美丽便生气。

自然啰，她的家人和邻居都不喜欢她，她也一天比一天长得难看了。

一个夏天的下午，什么都是静静的，只有鸟儿们低低地唱着，虫儿们懒懒地叫着。玛丽安跑进一个岩洞里，她在青青的苔上坐下，吹送过来的风是香香的，带着紫罗兰的香气，远远地她听不见鸟虫声了，她沉沉地睡了去。

她醒来时，一个可爱的人站在她面前唱道：

“神仙后，

世罕见，

地上众生都在她门下，

闪闪黄金，

堆满了她珠光的地面，

凡人，你所见的都是仙，

快把愿望宣。”

她唱完，四围有许多温柔的声者跟着重复唱了三遍，好像鸟儿和虫儿们都在唱似的。声音寂了，那位仙后站在玛丽安的面前，等着她说出她的愿望。玛丽安低低地屈着膝，带着颤抖的声音说道：“仙后，你肯把我变得和我妹妹露西一样美丽吗？”

“可以。”她说，“可是你也要依从我所说的话。”

玛丽安答应了，说她无论什么话都可以依从。

“现在，回家去，”仙后说，“一星期里不许向你妹妹说一句不逊的话；一星期过后，再回到这岩洞里来。”

一星期过尽了，玛丽安是诚心地守着她的话的，她再回到那岩洞去。

“凡人，你有守着你的约定吗？”仙后问。

“守着的。”玛丽安说。

“那么跟我来。”

玛丽安跟着她走去，她们走过了紫罗兰和木犀草的丛

堆。鸟儿们在她们的头上唱着，蝴蝶们在风里相互追逐着游戏，泉水发着潺潺的声音，她们走到那个山顶，便是不绝泉的山上，山脚下围绕了一群披着绿色轻纱的仙子。

仙后摆了摆她的杖，立刻她们都展着薄薄的翼子飞去了。那山是很高的，她们一直一直走上去，愈上去那香味便愈重，而那音乐似的泉水声，也愈是听得清晰，最后，她们挨着一群穿蓝衣的手执银棒的仙子身边停下。

“这里，”仙后说，“我们要停下了，不能再前去了，除非你再遵守了我所说的话。现在就回家去，一个月里要十分至诚地给你妹妹做着事情，正和你要她给你做的一样，你是露西，她是玛丽安似的。”

玛丽安答应了，便回家去。她觉着这一回比上次要难得多了。当露西要东西玩，她就不辞辛苦地寻去，寻得了，和气有礼地递给她，并不像从前般的生气地把东西扔在一边。

她想静些的时候，露西和她说话了，她便和声地回答；她在妹妹的房间里，看见了一面碎做了千百片的镜子，她真觉得不知怎样处置才好。可是因为要美丽，她拿来耐心地缀成一块。家里的人，没有一个不怪异玛丽安的性子变了。“我爱她。”露西说，“她是多么优雅与和气啊！”

“我也是这样。”同时差不多有一打声音，附和着露西的话。

玛丽安羞红了面孔，眼睛里闪着快乐的光辉。

“给人爱是多么的欢喜啊！”她想。

一个月过去了，她再跑到那岩洞里。那些穿着蓝衣的仙子，垂下银棒飞去了。她们再走上前去，山路更险峻了，可是那香气也来得更浓郁，音乐似的泉水声，也来得更响亮。

她们走到一群穿着虹彩的外衣、执着镶金尖的银棒的仙子面前停下了。

“这里我们要停下了。”仙后说，“你不能再越过这界线。”

“为什么不能呢？”躁急的玛丽安问。

“因为要经过此虹彩仙子的面前，必须十分善良才可以，行为要善良，思想也要善良。回家去吧，三个月里，不要起什么嫉妒的思想，那么你便可以直上那不绝泉了。”

玛丽安难过得很，她知道有许多嫉妒的思想和不良的愿望，她必须尽力抑制的。三个月后，她回到那美丽的宫殿里去会仙后，仙后微笑着把她一直领上不绝泉去。她行近那群穿着彩虹外衣的仙子，她们翼上的银点闪耀着，低垂了她们的棒，一边唱着一边飞去：

“凡人，去啊！

去获取你那美丽的结果，

我想，这个，

定是仙后所许可。

凡人，去啊，去啊！”

这时候，她们踏着的地方，每一步都是铺着鲜花。异香吹扑着她们的面孔，涓涓潺潺的泉水声，响亮而清澈入耳，

瀑布也看见了，一条银流似的在水晶石上滚着，泡沫之下，深深的寂静无声的，便是那不绝泉。金的河床浮着琥珀色的波光，仙子们在那儿沐浴着，她们头上的金刚钻在水面辉映，有如太阳的光芒。

“啊！让我在这泉里沐浴！”玛丽安叫着，她欢喜得紧捏了双手。

“还未可以呢！”仙后说，“回家去吧，一年里你要把所有不良的脾气都改掉，向善并不是因为要在这泉里沐浴，而是要你诚心地向善。善本身是爱与无瑕的。”

这可难极了。她要好并不是真的要好，要好不过想要美丽罢了。三次她寻到仙后那里，三次她再流着眼泪别去，到第四次，她克服了自己的坏脾气时，守着泉边的紫衣仙子都垂下了她们的棒唱道：

“你跋涉了高山，

来到了这仙岩，

去吧，长浴在不绝泉，

起来便和仙子一样妍，

去吧，浴在不绝泉里，去吧！”

玛丽安正预备跳进去，可是仙后拦着她道：“在水面照照你的容颜看，不是已经够美丽了吗？”

玛丽安俯首一看，看见她的眼睛闪着一种异彩，两颊亮晶晶的露着玫瑰似的颜色，嘴角边嵌着两个可爱的笑窝。

“我还没有蘸着泉水呢！”她惊奇地看着仙后说。

“是的。”仙后答道，“可是你的灵魂已经在里面浴过了。只有良善的心和良善的品性，才是真正使人美丽的泉水。”

从此，她和她的妹妹快乐地一起住着了。每一个人都这样说道：“玛丽安是长得这么美丽了！她面孔上那副可憎的神色也没有了，她的眼睛总是快乐地温和地闪瞬着，嘴边也总是露着微笑。性情又变得这样好，就我的意见来讲，我敢说，她已经和露西一样美丽了。”

# 水（二）

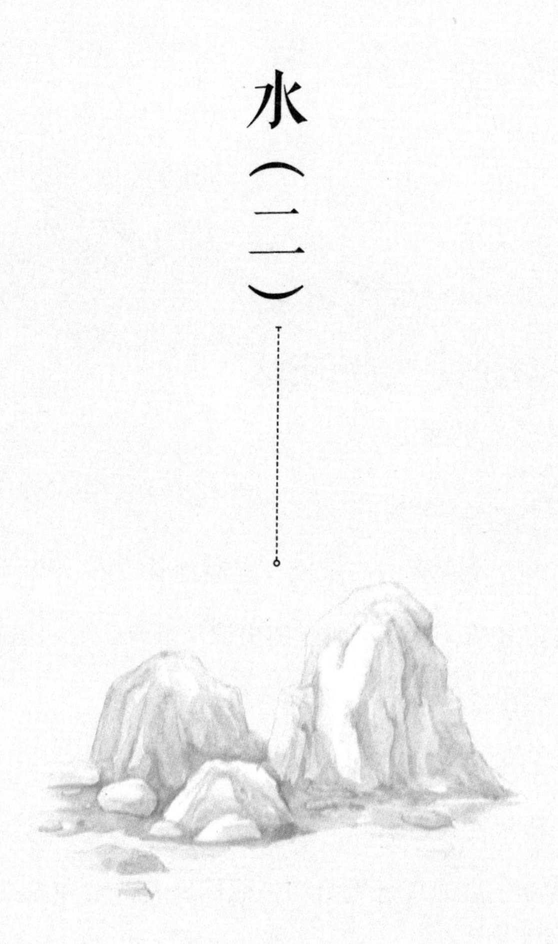

# 石子和岩子

从前有一个很大的石家庭，高高地耸立在一条河边上。他们挤得紧紧的，简直不能区别出谁是谁来。他们聚在一起许久了，现在是也该分开来做些别的事情了。

在那石家庭的顶上，有两个活泼的孩子——石子和岩子。他们能俯视到那小河里，在那儿，他们看见有许多好久之前便丢弃了家的哥哥姐姐们，他们犀利的角和尖尖的边，都已经被水冲刷掉了，水一回一回地冲洗着他们，摩擦着他们，渐渐冲洗了、摩擦了粗糙的边，现在都变成滑滑的和圆圆的了。

河里的小圆石子招呼着石子和岩子，呼唤他们也下去。

石子和岩子也十分想去，可是没有人帮助，他们是不能离开这个家庭滚到河里面去的。他们正想着要滚到河里去的时候，寒冷之神鼓着他的风翼走过了。岩子立刻唤住他，问他能不能帮忙。寒冷之神答道："可以的，你们要我帮助些什么呢？""啊！"岩子说，"我们牢牢地在这儿蹲着，要下去也不能，你能送我们下去吗？我们的哥哥姐姐们在水里过得很快乐，我们也思量到那儿去啊！""好的。"寒冷之神说，"我帮你们下去吧！"于是他用他的冰笔在石子和岩子的身上画了一条冷白线。"太阳就来了，"他说，"他会帮助你们的。"说完便飞去了。果然，太阳来了，他融解了寒冷之神画下的冰线，把那石儿们晒得暖暖的。风吹着，小小的雨点淋着。经过了许多艰难的手续，石子和岩子觉着他们松起来了。最后，在一个夜里，寒冷之神带了他的冰凿来，重重地凿了他们一下，松些、更松些，突然，骨碌碌地一直滚到河里去了。

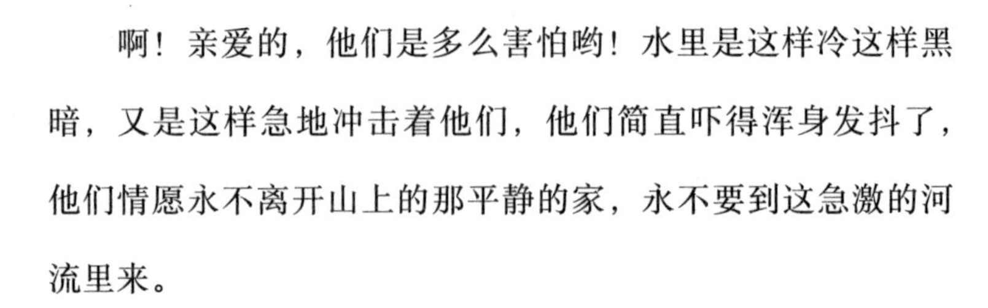

啊！亲爱的，他们是多么害怕哟！水里是这样冷这样黑暗，又是这样急地冲击着他们，他们简直吓得浑身发抖了，他们情愿永不离开山上的那平静的家，永不要到这急激的河流里来。

过了一会儿，他们抬起头看看，看见天上闪烁的星星，仍旧和平常一样看着他们，月光也像平常一样照着他们，对着他们微笑，他们的小圆石子哥哥姐姐们都来安慰着他们，渐渐，他们不再懊恼了。

第二天，石子和岩子开始在水里游戏，像别的小圆石子一般了。初时他们玩得很不称心，因为他们从不曾这样忙过，而且，他们又有许多尖的角，时常会碰得很痛。

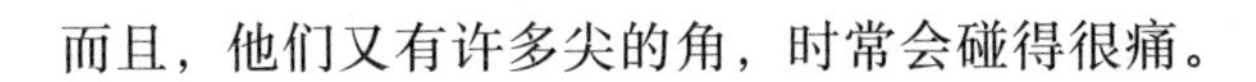

慢些，慢些，他们爱慕着那柔和的唱着歌的水了，喜欢这种急忙的生活了，虽然是击撞着，可是比蹲在山上要好得多多了。

过了许多许多时候，石子和岩子也给摩擦得滑滑的和圆圆的，而别的山石子又从他们的老家里，滚到这小河里来。

他们在水里这样摩擦着冲洗着，是预备做别的用途的。一天，一个人挽着辆小车子来到河边，把河里的小圆石子都装到车里，小圆石子怪极了，载他们去干吗呢?

那个人把他们装运到城市里。在公园里铺上了美丽的石路，到春天，好让孩子们来玩耍，孩子都爱玩小圆石子，小圆石子呢，也当心着，不让污秽的泥土溅到他们的小脚上。

这是石子和岩子的最后的家了，而他们也就永远地住在那里。

# 海王

蔚蓝的海水下面铺着光滑而雪白的海沙，鱼儿们拨拉地银光似的在海藻里穿来穿去，那儿住着一位海神，人家都称他做海王的。他有很大的宫殿，他养了许多野海马，专用来在海里驾车行走。

一天早晨，海王从他的宫殿里出来，看见每一样东西都乱得不成模样，海王大惊，一直清得像水晶般闪着蔚蓝色的光的水呢，现在是浑浊和黑暗。它卷着碎贝壳和断海藻，冲击着海王宫殿的围墙。海王站着看那些水时，那巨大的和善的海豚们都游到他的脚边来，好像要问“到底是什么事情咧”的样子。海豚是聪明的动物，他们常常听见了或看见了什么消息新闻，便跑来告诉海王。于是海王命令一只去看看海里为什么会弄得这样纷乱，那只海豚去了一刻回来，说海面兴起了一个可怕的浪潮；风在把波涛打到岸上，把浪沫刮到天空；他看见有好些船触在礁石上，搁在浅沙上。

海王即刻配搭起他的马，驾上他的车子，用了根坚固的缰绳，一直驶出水面。海王尊贵而严肃地坐在车子里，手执

一杆三叉戟，代替他的魔杖。他所到的地方，狂暴的水也就平静下来了。海王之子——半人半鱼的神也随着他，傍他身边游着，手里拿了个旋螺形的贝壳，不时地吹着。海豚也左左右右地追逐着海王，等着海王的差遣。最后，来到海面了，海王还不曾举起他尊严的头来，很奇怪的，已经风平浪静，水波如镜，和夏日海面似的寂静了。

海王召了风来，重重地责罚了他们一顿，打发他们回到风神那里去。然后打理那些遇了险的船，那些触在石上的，海王用他的三叉戟帮着海神抬他们下水；搁在浅沙上的，便曳到水深的地方去。最后，一切都照旧了，尊严的海王坐在他的车子里驶过平静的海面，海豚在他左右游戏着，他们光滑的背脊反映着阳光，那时的海王是多么伟大而可敬啊！

# 小溪和水车

磨谷机上的水车日日夜夜地转着，从不会停止的。一天，小溪流过水车的下面，他说道：“你天天做着同样的事情，你厌倦吗？当我做完了推动你的工作后，我会快乐地再流到田里，流进树林里。”

“我不厌倦。”水车说，“我的快乐是周而复始地磨碾着谷粒。”

“昨天，”小溪再说道，“我流过草原的时候，我听见几个在那儿散步的人称赞我的美的，称赞我流过石上的声音，仿佛音乐似的清泠可听。”

“自然，他们说的都是真话。”水车说，“不过，那种生活我是过不来的，我转过草原，还成什么样子？人家不会称赞我，我自己也不会喜欢。”

“你的谦抑和自卑真令人佩服。”小溪说，“这么一种毫无趣味的地方，你也会满足着。”

“不止满足着呢，”水车说，“我还爱好它。”

“然则你不渴慕光明的太阳，暖暖的和风，以及那花儿鸟儿的美景吗？”

“在这个磨谷机下的暗暗的地方，自然没有你所经过的地方好。可是我住在这儿，也就满足着了。你从山边流下，流到我的头上来。我欢迎着你，你从我的脚边流去了，我向你的前途致着珍重。但我并不愿长随你，夏天的太阳灼不了我，冬天的寒霜止不住我的转动。虽然是在这晦暗的地方，我转着，我听着谷粒磨碾的声音。我喜欢听农夫挽着他那载满了谷粒的车子，到这儿来，和听着他将我磨成的粉搬出去，与他的妻儿一同弄饭吃。我很快乐地住在这儿，我快乐地做着工，既不是谁强迫我的，也不是因为职责才使我终日不息地旋转，而是为这地方适应我的性情，所以便成为我的爱好了。”